Janine T. Bohlmann

Eine kleine Rührkunde

für die DIY-Herstellung von Cremes und Lotions

ISBN 978-3-99025-424-0
1.Auflage

Printed in EU

CREMEMANUFACTUR
Dr. Bohlmann | Berlin
handmade organic cosmetics

www.cremanufactur.de

Lektorat: Mag. Dorothea Forster
Satz: Janine T. Bohlmann, gesetzt mit LaTeX
Umschlaggestaltung: freya_art, Alyssa Kamoun (verwendetes Coverfoto: © hood.gold)

Bildnachweise: © Janine T. Bohlmann (S. 17, 27, 40, 41, 44, 48, 54, 55, 57, 60, 63, 68, 70, 71, 86, 93, 100, 105, 107, 109, 110, 111, 115, 128, 133, 138), © Roland.chem (S. 42), © IKA-Werke GmbH & CO. KG (S 62, 91, 95), © VMA Getzmann GMBH (S. 92), © WEPA Apothekenbedarf GmbH & Co KG.(117), © GAKO Konietzko GMBH (S. 117, 119), © hood.gold (S. 4, 8, 30, 124)

Bibliografische Information der Deutschen Bibliothek:
Die Deutsche Bibliothek verzeichnet diese Publikation in der Deutschen Nationalbibliographie. Detaillierte bibliografische Daten sind im Internet unter der Webadresse http://dnb.ddb.de abrufbar.

Für meine Mutter, mit der ich vor über 30 Jahren nach unserer per frankiertem Rückumschlag direkt vom WDR erworbenen Hobbythek-Broschüre die allerersten selbst gemachten Cremes und Lotions gerührt habe.

Inhaltsverzeichnis

Vorwort

Ende der 80er Jahre studierte ich Verfahrenstechnik an der TU Berlin und fertigte dort auch meine Doktorarbeit im Themenbereich „Rühren und Mischen“ an. Später habilitierte ich mich mit einer Verfahrensentwicklung im Gebiet der Biotechnologie. Während dieser Zeit betreute ich Studierende in verschiedenen Lehrveranstaltungsformaten, so auch im jährlichen zweiwöchigen Blockpraktikum am Versuchsstand *Rühren*. Als „Highlight“ des Versuchstages stellte jede Gruppe abschließend eine Bodylotion her, die sie nach eigenem Wunsch parfümieren und in mitgebrachte Flaschen abfüllen konnte. Einige Studentinnen legten wegen empfindlicher Haut Wert auf unparfümierte Creme, die leicht vor dem letzten Arbeitsschritt abgezogen werden konnte. Diese Studentinnen äußerten später mir gegenüber, es sei „die beste Creme“ gewesen, die sie je hatten, selbst teure Ware aus der Apotheke könne da „nicht mithalten“. Im Sommer 2017, nach über 25 Jahren erfolgreicher Berufstätigkeit in Wissenschaft und Industrie und kurz vor meinem 50. Geburtstag stehend, erinnerte ich mich an diese Episode aus meiner Dozenten-Tätigkeit, und mir schien die Zeit reif, ein eigenes Unternehmen zu gründen – die Cremenanufactur Dr. Bohlmann Berlin.

Vieles hat sich im Bereich der DIY-Cremeherstellung seit den Anfängen von Jean Pütz getan. Besonders der Bereich der Naturkosmetik hat zusammen mit Bewegungen wie dem Trend zu vegetarischer oder veganer Ernährung sowie einem gesteigerten Bewusstsein globaler Ökologie (z. B. mit Blick auf die Palmölproblematik) eine ernorme Dynamik erhalten. Naturkosmetik hat sich ähnlich den Bioprodukten im Lebensmittelbereich, die sich heute selbstverständlich auch in Discountern neben dem konventionellen Sortiment finden, etabliert. Heute ist es vor allem die „Schule" von Heike Käser, deren Fachbuch zu naturkosmetischen Rohstoffen mir schon lange eine Bibel ist, die die Community der Selbsthersteller moderner Hautpflege (und auch dekorativer Kosmetik) prägt. Das von ihr gegründete Forum von Olionatura®, die Rührküche, vereint über 1000 Mitglieder in ihrer Leidenschaft zur und im Erfahrungsaustausch über die (nicht nur) hobbymäßige Cremeherstellung.

Meinem beruflichen Werdegang entsprechend brachte meine Mitgliedschaft in der *Rührküche* es mit sich, dass viele Beiträge von mir mit dem Rühren *an sich* zu tun hatten. Während ich zunächst ein wenig Sorge hatte, aus alter Gewohnheit in für ein Forum unangemessener Form ins Dozieren und Theoretisieren „abzurutschen", erfuhr ich nach kürzester Zeit, dass ich doch einige „Fans" gewann, die offenbar Lust auf tiefergehendes Wissen zum Kernprozess der Cremeherstellung hatten. Dann noch ein Jahreswechsel mit der Suche nach einem guten Vorsatz ... und das Projekt „Eine kleine Rührkunde" war geboren!

Ich danke allen Forumsteilnehmern, die mir Anregung, Ansporn und Hilfe waren, herzlich für ihren Anteil an dem vorliegenden Buch! Mein besonderer Dank gilt Harald und Daniela für ihre Hilfe auf der Suche nach (Tipp-)Fehlern und das Ringen um Verständlichkeit, wo ich zu verkopft oder verquast war ☺. Herzlich danke ich meinen lieben Freunden Sönke und Anja für die unverzichtbare redaktionelle Hilfe und mentale Unterstützung zu allen Zeiten. Nicht zuletzt danke ich Heike Käser für ihre Maßstäbe setzende Arbeit im Bereich der Naturkosmetik. Ohne die Rührküche samt ihren Teilnehmern wäre dieses Buch nicht erschienen.

Berlin, im Mai 2020

Janine T. Bohlmann

1 Einleitung

Moderne Natur- und/oder Do-it-yourself-Kosmetik hat sich längst von der Gurkenmaske für's Gesicht und Ei-Kuren für die Haare emanzipiert und weiterentwickelt. Heute werden pflanzliche Zucker und Proteine als Basis für natürliche Emulgatoren, Tenside, glättende, feuchtigkeitshaltende und regenerierende Komponenten verwendet und mit Vitaminen, natürlichen Antioxidantien und Wirkstoffauszügen beispielsweise aus der Kamille oder der Ringelblume ergänzt.

Auch „Anti-Aging“ ist längst im DIY-Bereich angekommen; auch in unser aller Zellen natürlicherweise vorkommende Stoffe wie Hyaluronsäure oder Q10 stehen zum Selbstrühren zur Verfügung. Pflanzliche Öle und Buttern in Bio-Qualität geben fantastische Möglichkeiten, der Haut individuelle, passgenaue Ölsäurespektren anzubieten, die auf die Beschaffenheit, das Alter und die Lebensbedingungen abgestimmt sind. Solche Zubereitungen von Cremes, Lotions, Hydro- und Oleogelen sind kein Ersatz für Kaufkosmetik, sie sind besser! Und die konsequente Freiheit von Silikon, Mikroplastik, mineralölbasierten oder anderen unerwünschten Substanzen ist garantiert.

Viele Selbstrührer haben sich nach und nach mit den Themen rund um Hautpflege und Kosmetik intensiv beschäftigt und Wissen beispielsweise über dermatologische Aspekte von Ölsäurespektren oder therapeutische Wirkungen von ätherischen Ölen angeeignet, das in Umfang und Tiefe längst über „Hobby-Niveau“ hinausgeht. Sie beherrschen die Eigenschaften unserer Rohstoffe aus dem Effeff, entwickeln selbständig neue Rezepturen, einige destillieren auch ihre eigenen Hydrolate oder stellen Tinkturen, Auszüge und Mazerate her.

Ist es da nicht an der Zeit, dem Kernprozess, nämlich dem Zusammenfügen, Homogenisieren, Emulgieren, kurz: *dem Rühren* auch etwas mehr theoretischen Unterbau zu geben? Wie wähle ich Gefäß- und Rührergröße aus, wonach die Rührersorte, wie platziere ich den Rührer optimal und welche Drehzahl liefert mir die besten Ergebnisse?

„Hilfe, meine Creme trennt sich ...?!“ Nicht selten sind es diese Erlebnisse, die erst das Interesse für etwas mehr Prozesskenntnis wecken ... Auch wenn „Aufschlauen“ im *Vorfeld* immer besser ist, ist es doch nie zu spät, dazuzulernen! Das Gute ist außerdem: (1) Die Theorie hilft, ein gutes *Bauchgefühl* zu entwickeln, es geht also keinesfalls um trockene Formeln; (2) Mit gutem Bauchgefühl gelingt einem alles! Und schließlich: (3) Es macht Spaß! Dieses vermeintlich technisch-trockene Thema ist lebendig wie kaum eine andere (ingenieurwissenschaftliche) Disziplin!

Wir werden zunächst unser Rührgut etwas besser kennenlernen, sowohl das Verhalten der Einzelzutaten als natürlich auch das der Endprodukte, unserer Cremes, Lotions oder Gele. Da Emulsionen ein Hauptthema in der DIY-Kosmetik sind, widmen wir ihnen ein eigenes Kapitel und betrachten sie dabei weniger von der chemisch-stofflichen, als von der technischen Seite her. Dann geht’s rund: Kapitel 4 zeigt uns alles, was man zum Rühren wissen muss und liefert somit das Futter für unser späteres gutes Bauchgefühl! Rührer von klein bis groß, selbst gebastelt und professionell werden in Kapitel 5 vorgestellt. Kapitel 6 erläutert, wie man einen ganzen Rührprozess sorgfältig plant — sozusagen mit Gelinggarantie — und schließt mit Tipps und Tricks ab, falls doch mal etwas schiefgehen sollte. Los geht’s!

2 Salben, Cremes und Lotions — eine kleine Fluidkunde

In diesem Kapitel geht es um ein paar grundlegende Eigenschaften der Stoffe, die wir zu Cremes, Lotions & Co. verarbeiten, und welchen Einfluss sie auf die Rührperformance und damit natürlich auf die Qualität unseres Endproduktes haben.

2.1 „Fluide“ vs. „Flüssigkeiten“

Vieles von dem, was wir als Rohstoffe in unseren Cremeküchen verarbeiten, lässt sich eindeutig als *flüssig* (Wasser, Öle, Glycerin, Alkohol) oder *fest* (Emulgator-Pellets, Pulver) beschreiben. Schon bei manchen Wachsen und Buttern wird es schwierig, wie z. B. beim Kokosöl: Ist das nun ein Feststoff (bei Raumtemperatur) oder doch eine Flüssigkeit (bei leichter Erwärmung)? Genauso bei den Produkten: Während ein Tonic oder eine Lotion definitiv flüssig sind, wird es bei manchen üppigen Cremes, Salben oder Masken schon schwieriger, weil diese sich zwar noch verstreichen lassen, aber ja von alleine nicht mehr fließen.

Deshalb werden wir meistens den Begriff der *Fluide* verwenden: Er schließt alle Flüssigkeiten mit ein (jede Flüssigkeit ist ein Fluid), geht aber darüber hinaus und umfasst ganz problemlos Salben, Pasten, Wachse, quasi alles, was noch „grundsätzlich beweglich“ ist[1]. Etwas wissenschaftlicher ausgedrückt zeichnen sich Fluide dadurch aus, dass sie eine *endliche Viskosität* besitzen und deshalb keine Schubkräfte aufnehmen können, wir erfahren später mehr darüber. Ein Holzwürfel etwa ist deshalb kein Fluid, da ich nicht z. B. durch Verschieben der Oberfläche ein „inneres Gleiten“ und damit eine Verformung erzielen, sondern ihn nur „en bloque“ bewegen kann. Seine Viskosität ist *unendlich*.

Mit dem Begriff der Fluide können wir ebenfalls Gemische beschreiben und damit auch Emulsionen, die ja einen großen Anteil unserer Produkte darstellen. Auch Zubereitungen, die Feststoffe wie Heilerden (gerne in Gesichtsmasken genommen) oder pflanzliche Feststoffe wie zerkleinerte Aprikosenkerne (für Peelings) enthalten, werden vom Begriff des Fluids umfasst — also ein für uns überaus geeigneter, weil weitreichender Begriff für Rohstoffe, Produkte und „das, was gerade zum Rühren im Topf ist“!

Frage zum Selbsttest (1): Was ist mit Gummi, wie wir ihn als Radiergummi oder Türstopper kennen? Fluid oder nicht? (Antwort am Ende des Kapitels)

[1] Im technischen Bereich umfasst der Begriff der Fluide auch hochzähe Schmelzen wie z.B. Siliziumschmelzen für die Herstellung sog. *Waver* auf der „festen“ Seite sowie Gase (z.B. Propan- und Butangasmischungen für einen Campingbrenner) auf der „dünnen“ Seite.

2.2 Rheologie oder: Auch Fluide haben Charakter

Rheologie[2] ist die Lehre von den physikalischen Eigenschaften der Flüssigkeiten und Fluide. Sie beschreibt den „Charakter" eines Fluids, also ob es sich um etwas leicht Fließendes handelt oder eher um ein gelartiges, eventuell „zähes" Fluid — gewissermaßen ob „Soße oder Pudding" — und bestimmt die Art und Weise, wie ich praktisch damit umgehen muss, um meine Rühraufgabe optimal zu lösen.

Die wissenschaftliche Betrachtung rheologischer Eigenschaften im heutigen Sinne geht übrigens hauptsächlich auf den Universalgelehrten Isaac NEWTON[3] zurück. Nach ihm ist denn auch eine Klasse an Fluiden benannt: die NEWTONschen Fluide, die wir gleich näher kennenlernen werden, dazu brauchen wir erst noch den Begriff der *Viskosität*.

2.2.1 Durch dick und dünn: die Viskosität

Unter der Viskosität versteht man die Zäh- oder Dickflüssigkeit eines Fluids, beispielsweise niedrigviskoses Wasser im Vergleich zu hochviskosem Honig oder Sirup.

[2] von griech. ῥεῖν ‚fließen' und λόγος ‚Lehre'

[3] Sir Isaac NEWTON, *1643 in Woothorpe-by-Colsterworth, †1727 in Kensington; englischer Physiker, Mathematiker und Philosoph, dessen Hauptwerk PHILOSOPHIAE NATURALIS PRINCIPIA MATHEMATICA (zu deutsch: *Die mathematischen Grundlagen der Naturphilosophie*) mittels einer einheitlichen Gravitationstheorie den Grundstein für die klassische Mechanik legte. Im zweiten von insgesamt drei Büchern beschreibt er in diesem Werk auch mathematisch die Bewegung von Flüssigkeiten und begründete damit die moderne wissenschaftliche Rheologie. Ihm zu Ehren trägt u. a. die Einheit der Kraft, 1 Newton, seinen Namen.

Die Viskosität beschreibt die innere Reibung oder den inneren Widerstand eines Fluides gegenüber einer von außen aufgebrachten Scherung: Stellen wir uns eine Flüssigkeit wie beispielsweise Wasser als einen Stapel übereinanderliegender „Wasserplatten“ vor, dann ist die Viskosität der Widerstand, den diese einzelnen Platten dagegen aufbringen, gegeneinander verschoben zu werden.

Jetzt lege ich auf meine Flüssigkeit — den „Wasserplattenstapel“ — eine feste Platte (sagen wir: einen Mono-Wasserski) oben drauf und fahre mit dem Boot los[4]. Da das Wasser auch an dem Ski haftet, so wie die „Wasserplatten“ untereinander, überträgt sich nun der Reibungswiderstand auf die Platte, so dass ich eine gewisse Kraft F brauche, um die Platte (den Ski) mit der Geschwindigkeit w wegzuziehen, vgl. Abbildung 2.1.

Klar: Je größer die Viskosität der Flüssigkeit, desto größer der Widerstand und desto größer die benötigte Kraft (Wasserskifahren auf Honig ... man stelle sich vor)! Wenn die Kraft F nun wegfällt (unser Wasserskifahrer lässt die Leine los), dann gleiten die imaginären Wasserplatten noch etwas aufeinander nach, bis die innere Reibung, also die Viskosität, schließlich zum Abbremsen führt. Weil Wasser ein „anständiges“ Fluid ist und keine Schubspannung aufnehmen kann, gehen die „Wasserplatten“ aber nicht an ihre Ursprungsplatz zurück, sondern bleiben schließlich in Ruhe aufeinander liegen.

Wenn ich schneller Wasserski fahren will, muss ich die Kraft F erhöhen; wenn ich will, soviel, wie der Außenborder hergibt ... Lasse ich mit der (Zug-)Kraft nach, bewege ich mich langsamer. Nun ist es nicht die absolute Geschwindigkeit, die hier entscheidend ist, sondern ihr Gradient, also die Änderung der Geschwindigkeit von der Wasseroberfläche

[4]Wir gehen davon aus, dass sich in unserem Gedankenmodell alle Beteiligten „ideal“ verhalten, d. h. das Motorboot macht keine Wellen, der Monoski sinkt nicht ein, es entstehen keine Verwirbelungen an den Rändern des Monoskis und der Wasserskifahrer fährt gradeaus ohne Kurven ☺.

Abbildung 2.1: *Zur Erläuterung der Viskosität; a) bewegliche Platte, b) feste (Boden-)Platte, c) Geschwindigkeitsgradient.*

bis zum Grund des Sees, da alle Wasserschichten miteinander über die Viskosität verbunden sind, siehe hierzu das Geschwindigkeitsprofil ‚c)' in Abb. 2.1. Stellen wir uns den See kurz als mit Honig gefüllt vor: Wenn ich hier Wasserski fahre, verschiebe ich quasi den ganzen zähen See gegeneinander — das braucht Kraft!

Wir stellen also fest: Die Kraft, die ich brauche, um ein Fluid in Bewegung zu setzen, ist dem Geschwindigkeitsgradienten direkt proportional: Je zäher das Fluid ist, desto mehr Kraft brauche ich; ist das Fluid sehr dünnflüssig, wird es schon mit wenig Kraftaufwand in Bewegung versetzt. Die Proportionalitätskonstante ist die Viskosität η (sprich: Eta), sie ist eine Materialkonstante des jeweiligen Fluids.

Wenn ich jetzt nachmesse und feststelle, dass ich eine Kraft von genau 1 Newton brauchte, um mit einem 1 Quadratmeter großen Monoski auf einem 1 Meter tiefen See mit einer Geschwindigkeit von 1 Meter pro Sekunde Wasserski zu fahren, dann habe ich einen Widerstand von

$$\frac{\text{Kraftaufwand in N}}{\text{je}\left(\frac{\text{Geschwindigkeit}\ \frac{\text{m}}{\text{s}}}{\text{pro m Seetiefe}}\right)\times \text{m}^2\ \text{Monoski}} = \frac{1\text{N}}{\frac{1\frac{\text{m}}{\text{s}}}{1\text{m}}\times 1\text{m}^2} = 1\,\frac{\text{N s}}{\text{m}^2} = 1\,\text{Pa s}$$

überwunden. Kraft pro Fläche ist ein Druck, deshalb nennt man die Einheit N/m^2 auch Pascal (kennen wir von „Hektopascal" beim Luftdruck). Damit hat dieser Widerstand — die Viskosität[5] nämlich — insgesamt die Einheit „Pascalsekunde" und beträgt in unserem Beispiel also genau $\eta_{\text{See}} = 1\text{Pa s}$, so dass wir von einem Glycerin/Wassergemisch im See ausgehen müssen ☺.

---

[5] η bezeichnet die *dynamische* Viskosität. Teilt man diese durch die Dichte ϱ des Fluides, erhält man gemäß

$$\nu = \frac{\eta}{\varrho}$$

die kinematische Viskosität ν („Nü") mit der Einheit $[\nu] = 1\frac{\text{m}^2}{\text{s}}$. Da beide physikalisch gleichartiges Verhalten beschreiben, genügt in vielen Fällen die allgemeine Angabe „Viskosität".

Beziehe ich die Kraft auf die Seeoberfläche, erhalte ich eine sogenannte Schub- oder Scherspannung τ (sprich: Tau) mit der Einheit eines Druckes; und der soeben erläuterte Zusammenhang zwischen Kraft, Geschwindigkeitsgradient und Viskosität lässt sich mittels des NEWTON-*schen Schubspannungsansatzes*[6] beschreiben. Da Wasser und wässrige Lösungen eine relativ niedrige Viskosität haben, wird die Viskosität sehr häufig in mPa s (Millipascalsekunden) angegeben (zur Einheit der Viskosität siehe auch diese Bemerkung[7] in der Fußnote).

Die folgende Tabelle gibt eine kleine Übersicht über die Viskosität gebräuchlicher Fluide. Die Daten zu Cremes und Lotionen sind — sofern nicht anders angegeben — einer Veröffentlichung[8] von Beiersdorf entnommen (alle Angaben sind ca.-Angaben). Übrigens: Dass Wasser gerade die Viskosität $\eta = 1\,\text{mPa\,s}$ hat, ist Zufall und nicht etwa durch eine Form der Normung entstanden — praktisch, nicht?

Bislang haben wir von sogenannten *viskosen* Fluiden gesprochen, das heißt von solchen, die „keine Schubspannung aufnehmen können“. Sie

[6] Der NEWTONsche Schubspannungsansatz für Freunde von Gleichungen:

$$\tau = \eta \left(\frac{\mathrm{d}w}{\mathrm{d}y} \right)$$

mit y als senkrechter Ortskoordinate.

[7] Die Einheit der Viskosität (egal, ob die dynamische oder die kinematische) entzieht sich einer eingängigen physikalischen Interpretation. Wenn wir in den NEWTON-schen Schubspannungsansatz gehen, dann finden wir (bei den NEWTON*schen* Fluiden nämlich!) zwischen der Scher- oder Schubspannung τ und dem Geschwindigkeitsgradienten ($\mathrm{d}w/\mathrm{d}y$) eine direkte Proportionalität. Ich kann auch sagen: Das Verhältnis aus Schubspannung und Geschwindigkeitsgradient ist konstant, und diese Konstante heißt „Viskosität“. Dann ist klar, dass die Konstante genau die (reziproken) Einheiten der beiden zueinander proportionalen Variablen haben muss. Und da schleicht sich halt die „Sekunde“ über „Meter pro Sekunde“ bei der Geschwindigkeit mit rein.

[8] B. Hochstein, R. Brummer: Rheologische Grundlagen und Relevanz in der kosmetischen Industrie. In: K. Köhler, H. P. Schuchmann [Hrsg.]: Emulgiertechnik: Grundlagen, Verfahren und Anwendungen. Behr´s, Hamburg (2012)

Wasser:	$\eta = 1\,\text{mPa s}$
Alkohol:	$\eta = 1,2\,\text{mPa s}$
Milch:	$\eta = 5\,\text{mPa s}$
Baumwollsaat-, Kokos-, Sojaöl[9]:	$\eta = 60\,\text{mPa s}$
Olivenöl:	$\eta = 100\,\text{mPa s}$
Rapsöl:	$\eta = 160\,\text{mPa s}$
Glycerin:	$\eta = 1.500\,\text{mPa s}$
Honig:	$\eta = 10.000\,\text{mPa s}$
Duschgel:	$\eta = 10.000\,\text{mPa s}$
Lotion O/W:	$\eta = 20.000\,\text{mPa s}$
Lotion W/O:	$\eta = 100.000\,\text{mPa s}$
Creme W/O:	$\eta = 200.000\,\text{mPa s}$

Tabelle 2.1: *Viskositätsdaten gebräuchlicher Fluide*

werden auch „NEWTONsche Fluide“ genannt. Das bedeutet, sie besitzen keine elastischen, eine Rückstellkraft auslösenden Eigenschaften und verhalten sich „normal“: Fällt die Scherkraft (egal ob durch Wasserski im Beispiel oben oder durch Rühren in unserem DIY-Alltag verursacht) weg, kommt das Fluid zur Ruhe, es wird durch die innere Reibung (Viskosität) abgebremst.

Jetzt gibt es aber noch Fluide, die verhalten sich ganz merkwürdig, die haben gar keine „richtige“ Viskosität und zeigen zu allem Überfluss auch noch teil-elastisches Verhalten ... und dummerweise gehören Emul-

[9] `https://www.lebensmittellexikon.de`, abgerufen am 12.03.2019

sionen zu diesen unanständigen Fluiden (als ob wir's nicht immer schon geahnt hätten!), was praktische Auswirkungen auf das Rühren hat. Deshalb werden wir uns diese merkwürdigen Fluide etwas genauer angucken.

2.2.2 Das ist doch nicht normal! Vom gelösten Xanthan oder: MAXWELL-Fluide und andere Exoten

Anders als bei Wasser und anderen „normalen“ Fluiden ist bei den sogenannten Nicht-NEWTONschen Fluiden die Viskosität nicht konstant, sondern ändert sich je nachdem, wie schnell ich ein solches Fluid rühre bzw. genauer: Sie ändert sich in Abhängigkeit vom Geschwindigkeitsgradienten. Manchmal spielt auch die Zeit eine Rolle, die Fluide werden dicker oder dünner, je länger die Scherkräfte auf sie einwirken.

Dann gibt es noch solche Fluide, die ein (teil-)elastisches Verhalten aufweisen. Hier kommen wie bei einem Gummiband — wenn ich daran ziehe, wird's länger, wenn ich loslasse, gibt's Aua — Rückstellkräfte ins Spiel. Gerne findet man alle genannten Eigenschaften auch überlagert vor ... Der Komplexität sind keine Grenzen gesetzt und auch heute ist man weiterhin mit dem Versuch der mathematischen (modellhaften) Beschreibung solcher „Exoten“ zugange[10].

Strukturviskos und dilatant

Ob an der Ostsee oder am Mittelmeer, als Kinder haben wir doch alle hingebungsvoll mit „Matschepampe“ gespielt und Kleckerburgen gebaut, oder? Unser Baumaterial: nasser Sand, der musste natürlich hin und wieder im Eimerchen aufgerührt werden.

[10]Fließen, Hüpfen, spröde Brechen: Wer Lust hat, googelt mal nach „Hüpfendem Kitt“!

Machte man das langsam mit einem Finger, so war das gar kein Problem. Wenn man aber immer schneller mit einer Schaufel rührte, kam irgendwann der Punkt, an dem der Sand fast trocken aufbrach und nur noch mit großem Widerstand zu bewegen war. Durch die große Schergeschwindigkeit war der Wasserfilm, der wie ein Schmiermittel zum Gleiten der Sandkörner aneinander gewirkt hatte, zu dünn geworden, die festen Partikel „verhakten" sich ineinander, und es wirkten die viel stärkeren Reibungskräfte zwischen dem nahezu trockenen Sand. Dieses rheologische Verhalten bezeichnet man als *dilatant*, daher auch die Eselsbrücke „dilatant ist nasser Sand", mit der auch ich schon als Studentin gequält wurde ...

Bei den strukturviskosen oder pseudoplastischen Fluiden ist es genau umgekehrt, sie sind dünnflüssig, wenn sie sehr schnell gerührt werden, aber dicklich beim langsam Rühren. Die Modellvorstellung ist, dass lange Moleküle beim schnellen Rühren gestreckt und in Strömungsrichtung ausgerichtet werden, deshalb nicht mehr so stark verknäult sind und der Widerstand gegen Bewegung geringer wird. Mit nachlassender Scherung stellt sich wieder der ursprüngliche, verknäuelte Zustand ein und mit ihm die höhere Viskosität[11]. Auch Blut hat strukturviskose Eigenschaften, da die Blutplättchen, die es so dickflüssig machen, sich bei höheren Geschwindgkeitsgradienten länglich verformen und dadurch „stromlinienförmiger" werden mit der Folge einer leichteren Fließbarkeit.

Ein anderes schönes Beispiel für ein strukturviskoses Fluid mit praktischem Mehrwert ist die sog. feste Wandfarbe: Sie lässt sich sich leicht auf der Wand verstreichen (großer Schergradient), tropft aber nicht von der Rolle (Scherung ist Null).

Beim Rühren stellen uns beide Fluidklassen vor Probleme, die strukturviskosen in besonderem Maße, wie wir weiter unten sehen werden.

[11] Unter `https://www.youtube.com/watch?v=PmJNh_ztQrA` gibt es bei YouTube ein nettes Video zum Wettlauf zwischen einem NEWTONschen und einem strukturviskosen Fluid!

Wenn ich dilatante Fluide rühren will, und dies kommt fast immer dann ins Spiel, wenn Feststoffe in eine Basis (z.B. eine Salbe) eingerührt werden, möchte ich vielleicht immer stärker rühren, weil ich das Gefühl habe, meine Suspension ist nicht geschmeidig, wirkt inhomogen und fast krümelig. Dadurch verstärke ich das Problem nur noch, da die innere Reibung (die Viskosität) immer größer wird, je größer die Scherkräfte in meinem Fluid sind, wodurch eine zufriedenstellende Vermischung gar nicht mehr möglich ist. Oft bricht die Suspension geradezu auf und erscheint „bröckelig". Als Lösung bietet sich die Verringerung der Drehzahl an. Oft fährt man auch mit händischem Rühren am besten, indem man eine Art Umwälzung wie beim Teigkneten vollführt. Größere Mengen solcher Zubereitung kann man mit einer Küchenmaschine mit Knethaken oft besser verarbeiten, als mit einem klassischen Rührwerk.

Die strukturviskosen Fluide hingegen werden ja immer dünner, je größer die auf sie wirkenden Scherkräfte sind. Wie wir später noch genauer sehen werden, ist die Scherkraft nicht gleichmäßig im Rührbehälter verteilt, in der Regel ist sie im Bereich direkt um den Rührer herum am stärksten. Das bedeutet, dass hier der Rührer schnell und geschmeidig unser Fluid vermischt.

Was ist aber mit den anderen Bereichen? Im Extremfall hat das Fluid eine so hohe Ruhe-Viskosität, dass es in weiten Teilen des Rührgefäßes gar nicht in Bewegung versetzt wird, weil die Scherkräfte dort zu niedrig sind. Das hat dann zur Folge, dass unmittelbar um den Rührer/die Rührerblätter herum (oder auch im Innern sogenannter Emulgieraufsätze bei Haushaltsmixern oder im Kopf von Dispergierern mit Rotor/Stator) die Flüssigkeit dünnflüssig ist und sich wie wild bewegt, drum herum jedoch wie ein fester „Pudding" steht.

Zwar kann man das in einem gläsernen Gefäß recht leicht erkennen, aber nur schwer bei Verwendung von Edelstahltöpfen. Problem: Die Durchmischung ist mangelhaft, in Teilen wird keine ausreichend kleine Tröpfchenbildung für die Emulsion erreicht, zum anderen werden später zugegebene Wirkstoffe nicht richtig verteilt. Beides führt zu mangelhafter Produktqualität.

Als Lösung wären hier eine Verringerung der Drehzahl evt. mit leichter Temperierung, soweit dies die Inhaltsstoffe zulassen, sowie generell die Auswahl eines Rührorgans mit axial fördernder Komponente (später mehr dazu) erfolgreich. Auch mehrstufige Rührer können helfen, die Inhomogenitäten als Folge von unterschiedlichen (scheinbaren) Viskositäten zu mildern.

Bingham-Fluide

Bingham-Fluide gehören zu den plastischen Fluiden: Ich muss sie, salopp gesprochen, erst ordentlich quetschen, d. h. eine Anfangsschubspannung τ_0 überwinden, dann fließen sie im Idealfall wie ein normales (NEWTONsches) Fluid. Vaseline oder Zahnpasta sind Beispiele für Bingham-Fluide. Hinsichtlich des Rührens können die gleichen Probleme, wie oben bei den strukturviskosen Fluiden geschildert, auftreten: Wird die Anfangsschubspannung nicht durch die vorherrschenden Scherkräfte überwunden, so ist das Bingham-Fluid in weiten Teilen des Gefäßes nahezu fest und nur rund um den Rührer herum in Bewegung. Hier kann es helfen, einmalig kurz die Rührerdrehzahl stark zu erhöhen. Manchmal ist schon ein Rütteln oder Klopfen an den Rührtopf ausreichend, um die Erstarrung des Fluides aufzubrechen, und es kann dann „normal“ weitergerührt werden.

Thixotrop und rheopex

Jetzt kommen wir zu den Fluiden, bei denen nicht die Intensität der Scherung die (scheinbare) Viskosität bestimmt, sondern die Dauer, mit der sie wirkt; wir haben es also mit zeitlichen Änderungen zu tun.

Die thixotropen Fluide werden mit zunehmender Dauer des Rührens (oder auch Schüttelns, allgemein: der Beanspruchung) dünnflüssiger. Sie sind damit den strukturviskosen Fluiden ähnlich, und manchmal ist nicht scharf trennbar, ob nun allein strukturviskoses oder allein thixotropes Verhalten vorliegt. Flüssigkeiten mit gelartiger Struktur zeigen oft thixotropes Verhalten, so auch Hyaluronsäure-Gele: Sie werden erst durch Bewegung geschmeidig, weshalb man sich nach langem Sofa-Sitzen oft so steif fühlt und weshalb „Aufwärmen“ im Sinne von langsam die Bewegungsintensität steigern so sinnvoll ist: Die Synovial-Flüssigkeit in unseren Gelenken enthält Hyaluronsäure und wird bei fehlender Bewegung (= fehlender Scherbeanspruchung) dicklich-fest.

Die rheopexen Fluide verhalten sich nun wieder gegensätzlich, d. h. sie werden mit der Zeit der Scherbeanspruchung immer dicker. In aller Regel ist dieses Verhalten unerwünscht, kommt aber auch nicht allzu häufig vor. Man findet diese Eigenschaft beispielsweise bei Seifen-Solen. In der praktischen Handhabung treten ähnliche Schwierigkeiten wie bei den strukturviskosen bzw. wie bei den dilatanten Flüssigkeiten auf. Sind die zeitlichen rheologischen Änderungen vollständig reversibel, so kann man sich durch gelegentliches Unterbrechen und Ruhenlassen des Fluides für z. B. 20 Minuten wieder dem Ursprungszustand nähern.

Beachte: Wir haben hier grundsätzlich von rheologischen Eigenschaften der Fluide gesprochen, d. h. wir gehen davon aus, dass sich ihre physiko-chemischen Eigenschaften während des Verarbeitens nicht geändert haben. Veränderungen z. B. infolge des „Nachdickens“ mancher Emulgatoren oder Gelier- und ähnliche strukturgebende Prozesse sind hier nicht gemeint, auch wenn sie natürlich den Rührvorgang überlappen und deshalb manche Effekte verstärken oder aufheben können.

Bei den Cremes, Lotions oder Oleo- und Hydrogelen, mit denen wir es zu tun haben, finden diese verdickenden Prozesse — wenn überhaupt — in einer die rheologischen Effekte verstärkenden Weise statt: Wird die Creme beim Rühren „leicht und dünn“, weil die Scherkräfte verflüssigend auf diese Klasse von Fluiden wirken, dann wird sie nach dem Abfüllen (Scherkräfte gleich null) wieder dicklicher. Findet zusätzlich die Ausbildung einer Gel-Matrix statt, so ist die Creme nach ein, zwei Tagen *deutlich* fester, als sie beim Rühren war/schien!

> **Testfrage (2)**: Ordne die folgenden Fluide den eben erläuterten rheologischen Klassen zu:
> a) Crememaske mit Tonerde,
> b) Ketchup,
> c) Gesichtscremes.
>
> Auflösung am Ende dieses Kapitels.

MAXWELL-Fluide

Meine ersten Versuche, ein Rasiergel in etwas größerer Menge zu rühren (ich glaube, es waren 1,5 oder 2 Liter), haben mich schier zur Verzweiflung gebracht — ich hatte, allein von der Rezeptur „auf Papier“ denkend, nicht mit einem derart widerspenstigen Rührgut gerechnet ... Inzwischen habe ich die Rezeptur optimiert, das Rasiergel ist brav in der Tube (aus der es auch ohne größeres Murren wieder bei Bedarf rauskommt) und natürlich ist mein Zorn längst verraucht. Das liegt nicht zuletzt daran, dass ich mit dem Xanthan-Gel ein reinrassiges MAXWELL-Fluid in meinem Labor hatte — toll!

Bevor ich erkläre, was das ist und warum es sich so verhält, verweise ich schon einmal auf die Abbildung 2.2: Das, was man auf dem Foto gut erkennt, nennt sich WEISSENBERG-Effekt und bezeichnet das Hochkrauchen eines Fluides an einem rotierenden Stab/an einer Rührerwelle. Dieser Effekt tritt bei solchen Fluiden auf, die zusätzlich zum „normalen“ viskosen auch *elastisches* Verhalten zeigen. Das heißt, es existieren in der Flüssigkeit Rückstellkräfte, die die durch das Rühren verursachte

Abbildung 2.2: *Hurra, ein* MAXWELL*-Fluid in meinem Cremelabor! a) An der Rührerwelle emporkrauchende Lösung von Xanthan transparent, Drehzahl ca. 1500* /min*; b) Ebene des vierflügeligen Schrägblattrührers*

Bewegung nach Abschalten des Rührers zurückdrehen wollen. Warum steigt nun das Xanthan-Gel nach oben, statt wie gewohnt bei größerer Drehzahl eine Trombe (das ist der Fachbegriff für den Trichter, der sich bildet und der auch für das „Lufteinschlürpen“ verantwortlich ist) zu bilden?

Man kann sich das ein bisschen vorstellen, als würde man eine größere Menge Gummischnüre versuchen zu rühren: Infolge des Schergradienten werden diese gestreckt und gedehnt, wollen sich aber natürlich wieder zusammenziehen. Deshalb suchen sie den kürzesten Weg und wandern dadurch nach innen bis zum Rührer (d. h. die Rückstellkraft ist deutlich größer als die Zentrifugalkraft aufgrund der Rotation, die ja radial nach außen gerichtet ist). Da dort nicht alle Gummibänder Platz haben, beginnen sie sich aufeinanderzutürmen, und zwar umso höher, je größer die Drehzahl ist.

So ein Verhalten lässt sich bei Teigen oder eben bei geligen Lösungen wie Xanthan transparent beobachten, es gibt Fluide, die mehrere Dutzend Zentimeter „hochklettern"! Solch ein Verhalten kann großtechnisch schon mal zum Ausfall ganzer Produktionslinien führen, wenn — etwa nach einer Rezepturumstellung — der hochkriechende Teig Rührwellenlager verstopft und Motoren beschädigt.

Da ein derartiges viskoelastisches Verhalten zuerst bei Festkörpern vom schottischen Physiker J. C. Maxwell beobachtet wurde, werden solche Fluide auch Maxwell-Fluide genannt.

> **Tipp**: Wir werden noch häufiger von den strukturviskosen und auch von dilatanten Fluiden sprechen, da sie in unseren Cremeküchen durchaus von praktischer Bedeutung sind (die anderen „Exoten" erfreulicherweise nicht so sehr ☺). Präge dir deshalb diese besonderen Fluideigenschaften gut ein, am besten, in dem du sie dir nochmal in eigenen Worten erläuterst!

Auflösungen

Antwort (1): Nein, Gummi zählt nicht als Fluid: Ein großer Gummiblock lässt sich zwar „schräg verschieben" wie in der Skizze dargestellt; sobald ich loslasse und die Kraft F nicht mehr wirkt, geht der Gummiblock aber in seine Ausgangsposition (gestrichelt) zurück. Technisch gesprochen hat er eine Schubkraft aufgenommen, die zur Rückstellung führte. (Es gibt gemeinerweise ein paar sehr exotische Stoffe, die — obwohl sie sich eindeutig wie Fluide verhalten — dennoch in Teilen Schub- oder Scherkräfte aufnehmen können — aber die vergessen wir jetzt einfach mal.)

Antwort (2): a) Die Crememaske mit Tonerde ist dilatant: Bei starker Scherung reiben die Tonerdepartikel wie beim „nassen Sand" aneinander. b) Ketchup ist ein Bingham-Fluid: Wenn man hinten auf die Flasche schlägt mit mehr als τ_o, fließt der Flascheninhalt mühelos auf den Teller... c) Emulsionen (beiderlei Typs W/O oder O/W) können sich wie strukturviskose Fluide verhalten: Die feinverteilten dispersen Tröpchen „verschlanken" sich bei entsprechender Scherung und werden — ganz ähnlich wie die oben zitierten Blutplättchen — stromlinienförmiger, bieten also weniger Widerstand, die (scheinbare) Viskosität sinkt.

200
150
250
ml

3 Oh weh! Oder doch W/O? Emulgieren & Co. — eine Übersicht

Die Herstellung von Cremes ist ein Verfahren, bei dem nicht ineinander lösliche Flüssigkeiten — Fette, Öle und Wachse auf der einen sowie Wasser und wässrige Wirkstoffe auf der anderen Seite — unter Zuhilfenahme von oberflächenaktiven Substanzen (Emulgatoren) und Energiezufuhr in eine Emulsion überführt werden. Die Energiezufuhr erfolgt durch Wärme sowie in Form von mechanischer Energie (Scherkräfte), durch die möglichst große innere Oberflächen zwischen der fetten und der wässrigen Phase erzeugt werden. Das Emulgieren gehört zur Aufgabe des Rühren und Mischens, einem Kerngebiet der Verfahrenstechnik. Schauen wir uns zunächst eine Übersicht an, bevor der genaue Vorgang des Emulgierens beschrieben wird.

3.1 Klassische Rühraufgaben: Homogenisieren, Dispergieren, Emulgieren, Suspendieren

Zunächst möchte ich den Prozess der Cremeherstellung in die große, weite Welt der Verfahrenstechnik einordnen. Manchmal werden die verfahrenstechnischen Grundoperationen danach aufgeteilt, ob sie zur thermischen, zur chemischen oder zur mechanischen Verfahrenstechnik gehören.

Bei der Cremeherstellung fügen wir Substanzen zusammen, verändern sie jedoch nicht chemisch. Auch wenn wir beim Emulgieren die verschiedenen Phasen zuvor erhitzen, handelt es sich nicht um ein thermisches Verfahren im engeren Sinne, dieser Begriff ist Verbrennungsprozessen und solchen, die unter hohem Druck und hoher Temperatur stattfinden[1], vorbehalten. Deshalb können wir die Cremeherstellung zu den mechanischen Verfahren zählen, wobei natürlich viele unserer Rohstoffe zuvor thermische und/oder chemische Verfahren zu ihrer Gewinnung oder Veredelung durchlaufen haben. Die Raffination von Sheabutter, die Destillation von Hydrolaten oder die Extraktion von natürlichen Aromen sind Beispiele für solche Verfahren.

Innerhalb der mechanischen Verfahrenstechnik wiederum können wir die beiden Prozesspaare

$$\textbf{Zerkleinern} \Longleftrightarrow \textbf{Agglomerieren}$$

[1]Der Klassiker für jede/n Verfahrenstechnik-Studenten: das Haber-Bosch-Verfahren zur Ammoniak-Synthese, das bei etwa 150 bis 350 bar und ca. 400 bis 500 °C gefahren wird.

(Beispiel Kaffee: Zerkleinern der Bohnen für Filterkaffee einerseits und Aufgranulieren von sprühgetrocknetem, vormals flüssigem Kaffee zu löslichem Kaffee („Krümelkaffee") andererseits) sowie

$$\textbf{Mischen} \iff \textbf{Separieren}$$

(Beispiel: Großtechnisches Mischen von Müsli und individuelles, händisches Heraussammeln (Separieren) der Rosinen ☺) unterscheiden.

Das Rühren ist nur *eine* apparative Möglichkeit, eine Mischaufgabe zu bewältigen, wobei es auch andere Optionen gibt, so dass nicht jedes „Mischen" auch ein „Rühren" ist! Trommelmischer beispielsweise arbeiten wie die häusliche Waschmaschine, also ohne eingebaute rotierende Rührorgane nach dem Prinzip der Umwälzung in einer sich vergleichsweise langsam drehenden Trommel. Ein „Perlator" am Wasserhahn wirkt als statischer Mischer und mischt unter Nutzung des Impulses des fließenden Wassers Luft unter, dispergiert also ganz ohne bewegliche Teile.

Beim Mischen unterscheidet man nun je nach Ziel und Art des Mischgutes die vier Disziplinen Homogenisieren, Dispergieren, Emulgieren und Suspendieren wie folgt:

Homogenisieren: Vermischen von ineinander löslichen Fluiden, die sich in einer Eigenschaft voneinander unterscheiden, mit dem Ziel des Ausgleichs. Beispiele aus dem Alltag: Wandfarben mischen (Farb- bzw. Konzentrationsausgleich) oder Temperaturausgleich durch Umrühren beim Kochen. Das Homogenisieren ist auch bei der Kosmetikherstellung eine wichtige, immer erforderliche Grundoperation. Nur das Homogenisieren kann den Ausgleich von Konzentrationsunterschieden bewirken und kommt somit auch dann zum Tragen, wenn gar keine Emulsion gebildet wird, wie z. B. bei Shampoos oder Hydrogelen. Es ist für die gute Produktqualität unabdingbar, dass an jeder Stelle im Gefäß stets die identische Produktzusammensetzung gegeben ist, also jeder buchstäbliche Tropfen genau der Rezeptur entspricht.

Diese Bedeutung des Homogenisierens ist dann besonders groß, wenn das Produkt nach der Herstellung in einzelnen Portionen abgefüllt wird; man stelle sich vor, die waschaktiven Substanzen eines Shampoos oder Duschgels würden sich nur in einem Teil der abgefüllten (und vielleicht als Geschenk vorgesehenen) Fläschchen befinden – und dort dann vielleicht in unangenehm hoher Konzentration!

Die genauen Vorgänge beim Homogenisieren möchte ich am System „Zucker im Tee" erläutern: Wenn ich mir einen Tee brühe und ihn süßen möchte, gebe ich einen Zuckerwürfel in die Teetasse und rühre dann einige Male um. Der Tee ist jetzt gleichmäßig gesüßt, im Idealfall ist die Zuckerkonzentration an jedem Ort in meiner Teetasse gleich. Es hat also — neben dem anfänglichen Auflösen des Zuckers — in meiner Teetasse ein Transport der Zuckermoleküle stattgefunden, der natürlich durch mein Umrühren erzeugt wurde. Einen derartigen (Stoff-)Transport durch Bewegung nennen wir konvektiven oder durch Konvektion bedingten Stofftransport.

> **Testfrage (3)**: Eigentlich lässt sich diese Frage erst mit dem Wissen aus dem folgenden Rühr-Kapitel beantworten, aber sie passt hier so schön rein:
>
> Wenn ich einen lose aufgebrühten Tee in der Tasse kräftig umrühre und den Löffel rausnehme, dann dreht sich ja der Tee noch einige Zeit weiter und mit ihm die darin herumschwimmenden Teeblätter. Schließlich kommt die Bewegung zum Erliegen und die Teeblätter sammeln sich als kleines Häufchen genau in der Mitte auf dem Teetassenboden.
>
> Warum? Die Lösung wie immer am Kapitelende!

Der Gegensatz zum konvektiven ist der diffusive oder molekulare Stofftransport: Hierbei wandern einzelne Moleküle aufgrund eines Konzentrationsgefälles (auch: -gradientens) von Orten hoher zu Orten niedriger Konzentration. Dabei befindet sich die Flüssigkeit selbst in Ruhe, und der Konzentrationsausgleich findet ausschließlich auf molekularer Ebene statt[2]. Dieser Vorgang dauert so lange an, bis der anfängliche Gradient ausgeglichen ist. Zwar muss man in der Praxis nicht unendlich lange — so gibt es die Theorie vor — warten, bis der Zucker sensorisch befriedigend verteilt ist, aber kalt ist der Tee auf alle Fälle, wenn ich mich allein auf die Diffusion verlasse!

Dispergieren: Vermischen einer gasförmigen Komponente in einer Flüssigkeit, Beispiel: Oberflächenbelüfter in einer Kläranlage (Ziel: Einbringen von Luftsauerstoff in das Belebtschlammbecken zum Abbau organischer Schadstoffe). Manchmal wird „Dispergieren" auch als Oberbegriff für alle Mischvorgänge verwendet. Als Bezeichnung der Vermischung mit einer gasförmigen Komponente, bei uns also der Umgebungsluft, ist diese Disziplin für uns in aller Regel unerwünscht. Dennoch kann es vorkommen, dass bei höheren Drehzahlen durch die Ausbildung einer Trombe (erinnere: Das ist der Trichter, der sich an der Oberfläche bildet) Luft eingezogen wird, die zu einem unerwünschten Aufschäumen oder zu einer ebenfalls unerwünschten mousseartigen Konsistenz führen kann.

Emulgieren: Vermischen von nicht ineinander löslichen Flüssigkeiten durch Phasenvergrößerung mit dem Ziel der Emulsionsbildung. Das ist ganz offensichtlich der Kernprozess der Cremeherstellung — deshalb schauen wir ihn uns in einem eigenen Unterkapitel ganz ausführlich an!

Suspendieren: Verteilen eines Feststoffes in einem Fluid; auch hier finden sich Beispiele aus der Cremeherstellung, so das Verarbeiten von Tonerden oder anderen Pulvern in Emulsionen für Masken oder Reinigungsbalms.

---

[2] Der molekulare Stofftransport findet *immer* statt, auch wenn ich den Tee umrühre. Dann überwiegt jedoch der konvektive Stofftransport, so dass ich den viel langsameren molekularen Konzentrationsausgleich gar nicht wahrnehme.

Ganz offensichtlich besteht die Rühraufgabe bei der Cremeherstellung aus allen vier Mischdisziplinen — und sei es, wie beim Dispergieren, im Beherrschen des „Nicht-Stattfindens" — und nicht nur dem Emulgieren! Jetzt werden wir uns aber erst mal im Detail mit dieser Kerndisziplin unserer Branche vertraut machen.

3.2 Von der Kunst, Dinge zu mischen, die sich nicht mischen lassen: das Emulgieren

Wie bereits erläutert, ist das Besondere an einer Emulsion, dass hier Stoffe eine dauerhafte (!) Mischung eingehen, obwohl sie sich eigentlich gar nicht mischen lassen, nämlich Öl (oder allgemein: eine Fettphase) und Wasser (wässrige Phase mit wasserlöslichen Inhalts-/Wirkstoffen). Nur sehr wenige Substanzen sind sowohl wasser- als auch fettlöslich, Alkohol ist so eine Substanz. Sie ist verantwortlich dafür, dass das Dreistoffgemisch Wasser–Öl–Alkohol in einem kleinen Bereich des Konzentrationsverhältnisses tatsächlich als *Lösung* vorliegt.

> **Testfrage (4)** (eher zum „heiteren Knobeln"): Warum wird Ouzo milchig, wenn man Wasser hineingießt? (Klappt natürlich auch mit Pernod ☺)

Emulsionen werden in den verschiedensten Bereichen eingesetzt, nicht nur in der Kosmetik; in ihrer grundsätzlichen Herstellung und Gestalt sind sie einander jedoch ähnlich.

Da die Emulsionstechnik so ein weites Feld ist, mit dem sich manche Wissenschaftler ein ganzes Berufsleben lang beschäftigen, wollen wir uns hier auf kosmetische Anwendungen beschränken und auch nur jene Aspekte vertieft behandeln, die mit dem Rühren in direktem Zusammenhang stehen (also z. B. nicht die chemische Seite).

Ziel der Emulsionsbildung ist, die beiden unlöslichen Phasen so zu „zerkleinern" und zu vermischen, dass man schließlich ein Fluid mit homogener Haptik (bei Cremes und Lotions geht hier das Spektrum von stichfest bis flüssig) erhält, welches stabil ist, sich mit der Zeit also nicht trennt. Wir betrachten ein Gemisch aus Wasser und Öl, das in ein Gefäß geschüttet wird. Nach einiger Zeit liegen zwei klar getrennte Phasen vor, das Öl schwimmt auf dem Wasser, dazwischen hat sich eine (Phasen-) Grenzfläche gebildet, und zwar die mit der kleinstmöglichen Fläche bei den gegebenen Mengen in diesem Gefäß. Damit hat dieses System den Zustand geringster Energie angenommen, der ihm möglich ist (also eine Art fluide *couch potatoe* ☺).

Um die beiden Phasen zu emulgieren, müssen wir möglichst kleine Tröpfchen bilden, d. h. die Phasengrenzfläche vergrößern. Dazu müssen wir Energie zuführen (⇒ ab auf's Fluid-Trimmrad!). Hierfür stehen uns grundsätzlich mechanische, unterstützend aber auch thermische und chemische Energie zur Verfügung.

Die mechanische Energiezufuhr erzeugen wir durch das Rühren, indem wir mittels Muskel- oder — etwas professioneller — durch Motorkraft die innere Reibung (die Viskosität) der Fluide überwinden, sie in Bewegung versetzen und so ein wiederholtes Aufreißen der Phasengrenzfläche erzeugen. Die Oberflächenspannung führt dann sofort zur Tröpfchenbildung. Je intensiver wir rühren, desto kleinere Tröpfchen können wir erzielen; wir werden uns mit dem Rührvorgang im nächsten Kapitel ausführlich beschäftigen.

Thermische Energie nutzen wir auch, und zwar wenn wir beide Phasen vor dem Vereinigen erwärmen. Damit verringern wir die Viskosität und setzen gleichzeitig die Grenzflächenspannung herab, so dass wir weniger Energie für das Rühren aufbringen müssen (durch die geringere

Viskosität). Wir können auch sagen: Uns steht bei gleicher Rührerleistung mehr Energie für die Zerteilung der Phasengrenzfläche zur Verfügung, um mit weniger Aufwand kleinere Tröpfchen erzeugen zu können.

Letzteres erreichen wir auch, wenn wir uns „chemische“ Unterstützung holen, die die Spannung der Grenzfläche herabsetzt, so dass wir weniger Energie brauchen, sie zu zerschlagen (ganz gleich dem Effekt durch Erhitzen der beiden Phasen). Sustanzen, die über grenz- und oberflächenspannungsverringernde Eigenschaften verfügen, werden als oberflächenaktive Stoffe (engl.: *surfactants*) bezeichnet. Neben den Tensiden gehört die Klasse der Emulgatoren zu ihnen, wir lernen sie gleich etwas näher kennen.

3.2.1 Emulgatoren: Aufbau und Funktion

Kommen wir zunächst noch mal auf unser Öl/Wassergemisch zurück. Wir haben es „getrimmt“, so dass viele kleine Tröpfchen entstanden sind. Aber kaum, dass wir mit dem Rühren aufhören (also die Energiezufuhr abstellen), vereinen sich die Tröpfchen bei Kontakt miteinander, so dass binnen kurzer Zeit wieder wie ursprünglich Öl- und wässrige Phase getrennt voneinander vorliegen. Damit ist wieder (wegen der verkleinerten Phasengrenzfläche) ein energiearmer Zustand erreicht. Diese „fluide Faulheit“ ist die verantwortliche Triebfeder[3] für diesen Vorgang, den man Koaleszenz oder auch Koagulation nennt.

Um die Koaleszenz der Tröpfchen zu unterbinden, brauchen wir einen Emulgator. Er setzt sich in die Phasengrenzfläche und bewirkt, dass

[3]Das dahinterstehende Prinzip ist das des zweiten Hauptsatzes der Thermodynamik, nach dem spontane Prozesse immer in Richtung eines niedrigeren Energieniveaus ablaufen und nie andersherum stattfinden (ein Tröpfchen kann sich nicht spontan in zwei teilen, weil es sonst wegen der vergrößerten Phasengrenzfläche nun ein energiereicheres System wäre, als der einzelne Tropfen vorher).

sich Tröpfchen untereinander abstoßen. Es gibt verschiedene Emulgatoren, und die Wahl ist nicht zuletzt von den gewünschten Eigenschaften des Endproduktes hinsichtlich Konsistenz, Haptik, Wasserfreisetzungsvermögen, Filmbildung und anderen geprägt. Auf der verfahrenstechnischen Seite gibt es ebenfalls Auswahlkriterien, die sich aus dem Mengenverhältnis der Phasen und der Rezeptur ableiten.

Auf all diese Aspekte von Emulgatoren einzugehen würde hier den Rahmen sprengen, so dass wir uns im Folgenden mit einer einfachen Theorie der Emulsionsbildung begnügen wollen[4].

Die Fettphase unserer Cremes besteht überwiegend aus Pflanzenölen. Ein solches sogenanntes *fettes* Öl (pflanzliche und tierische Fette, im Gegensatz zu den Mineralölen aus fossilen Quellen oder Silikonölen) entsteht aus drei Fettsäuren, die mit einem Glycerinmolekül unter Abspaltung von Wasser verestert wurden. Man spricht deshalb auch von *Triglyceriden*. Auch wenn der Name etwas „chemisch" daherkommt, beschreibt er also etwas ganz Natürliches!

Unter den Fettsäuren sind es z. B. Öl-, Linol-, α- und γ-Linolen-, Laurin- oder Palmitinsäure — je nach Ursprung des Öls und um nur einige zu nennen —, die mit ihren ganz spezifischen Eigenschaften die vielfältigen Möglichkeiten begründen, naturkosmetische Produkte nach individuell angepassten Rezepturen zu fertigen. Die Abbildung 3.1 zeigt den schematischen Aufbau eines Triglycerids. Die fetten Öle sind unpolar, d. h. ein Triglycerid-Molekül weist keine (positive oder negative) Ladung oder Ladungsunterschiede auf[5].

---

[4]Eine informative Übersicht zum Thema Emulgatoren findet sich auch auf der Seite von Olionatura: `https://www.olionatura.de/basiswissen/emulsionen-herstellen/Emulgatoren-auswaehlen`

[5]Ausführliche Erläuterungen und Profile einzelner Ölsäuren finden sich unter dieser und den dort folgenden Seiten: `https://www.olionatura.de/basiswissen/oele-kombinieren/basiswissen-fettsaeuren`

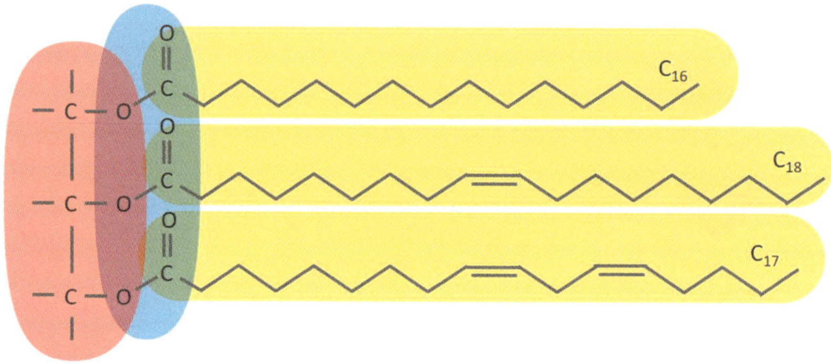

Abbildung 3.1: *Schematischer Aufbau eines Pflanzenöls: Nach Abspaltung von Wasser haben sich drei Fettsäuren (gelb) mit einem Glycerin (rot) zu einem sogenannten Triglycerid verestert (Estergruppen in blau). Die Fettsäurebeispiele sind Palmitinsäure (gesättigt,* C_{16}*), Ölsäure (einfach ungesättigt,* C_{18}*) und Linolsäure (zweifach ungesättigt,* C_{17}*).*

Anders beim Wasser: Auch wenn das Wassermolekül H_2O im Ganzen betrachtet neutral geladen ist, so vermag das „dominante" Sauerstoffatom die Elektronen des „schwachen" Wasserstoffs so zu beeinflussen und an sich zu ziehen, dass schließlich ein Molekül mit Dipolcharakter (ähnlich einem Magneten) entsteht, vergleiche Abbildung 3.2: Die Seite, wo sich der Sauerstoff (lila) befindet, ist lokal negativ geladen, die andere (hellblau, Wasserstoff) lokal positiv.

Substanzen, die selber geladen sind (also eine Polarität aufweisen wie Ionen oder Dipole) vertragen sich deshalb mit Wasser sehr gut und werden als wasserliebend oder hydrophil bezeichnet. Unpolare Stoffe hingegen sind gut in Fett löslich und werden lipophil (fettliebend) genannt. Oberflächenaktive Substanzen — zu denen die Emulgatoren zählen — verdanken ihre Eigenschaft nun der Tatsache, dass ihre Moleküle sowohl über einen hydrophilen (wasserliebenden) als auch einen lipophilen

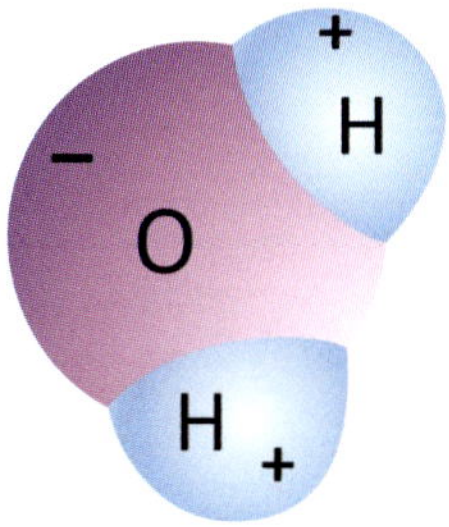

Abbildung 3.2: *Schematische Darstellung des dipolaren Wassermoleküls*

(fettliebenden) Teil verfügen. Man kann sich das bildhaft etwa wie ein Streichholz vorstellen mit einem hydrophilen „Köpfchen", das Holzstäbchen bildet das lipophile „Schwänzchen".

Die Emulgatormoleküle können im Ganzen ungeladen (nicht-ionisch) sein und nur durch eine lokale Ladungsverschiebung (wie beim Wassermolekül, vgl. Abb. 3.2) und dem daraus resultierenden Dipolcharakter ihre wasserliebende Eigenschaft haben, andere sind positiv (kationisch) oder negativ (anionisch) geladen. Es gibt auch noch amphotere Substanzen, die eine positiv und eine negativ geladene Funktionsgruppe im Molekül aufweisen. Abb. 3.3 zeigt eine schematische Übersicht oberflächenaktiver Substanzen[6].

Beispiele für die unterschiedlichen Emulgatortypen sind:

- Emulsan II (INCI: Methyl Glucose Sesquistearate) ist ein nicht-ionischer Emulgator,
- Lecithine (Lysolecithin, Fluidlecithin Super, Phospholipon und andere) sind in der Regel amphoter,

[6]Bildnachweis: Roland.chem [CC BY-SA 3.0 (`http://creativecommons.org/licenses/by-sa/3.0/`)]

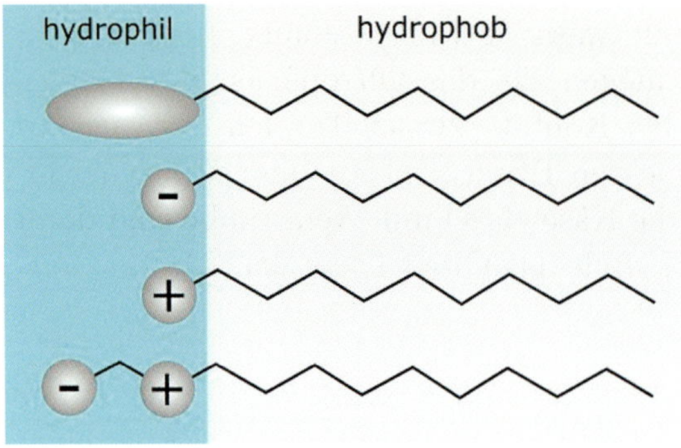

Abbildung 3.3: *Schematischer Aufbau von oberflächenaktiven Substanzen. Man unterscheidet (von oben nach unten) nichtionische (ungeladene), anionische, kationische und amphotere (zwitterionische) Tenside bzw. Emulgatoren.*

- Imwitor 960 K und Imwitor 375 (INCI: Glyceryl Stearate SE bzw. Glyceryl Citrate/Lactate/Linoleate/Oleate) sind Handelsnamen anionischer Emulgatoren,
- Tego Amid S18 (INCI: Stearamidopropyl Dimethylamine) ist kationisch.

Sind die Emulgatormoleküle nun in einer Phase gelöst, nehmen wir beispielsweise die wässrige Phase an, so möchte der lipophile Teil aus dieser Phase heraus, so dass sich der Emulgator bevorzugt an der Phasengrenzfläche ansammelt („Köpfchen" im Wasser, „Schwänzchen" nach außen gerichtet).

Wenn jetzt durch den Rührvorgang die Phasengrenzfläche ständig zerteilt wird und dort genug Emulgatormoleküle vorhanden sind, so bewirken diese, dass sich ein von den Emulgatoren umschlossenes Tröpfchen bildet. Bei einer O/W-Emulsion sind es Öltröpfchen, in denen die „Streichholzschwänzchen" stecken. Die dipolaren „Köpfchen" gucken in die umgebende wässrige Phase hinaus. Aufgrund ihrer hydrophilen Eigenschaft vermögen sie, das Öltröpfchen in Lösung zu halten, d. h. sie verhindern bei Kontakt zweier Tropfen das Zusammenfließen. (Die Emulgator-gespickten Tröpfchen kann man sich vielleicht wie einen Käseigel vorstellen, die Käsewürfel mit Weintraube sind dann der hydrophile Teil, der Rumpf stellt das Öltröpfchen dar ☺).

3.2.2 Was entsteht wann? — Emulsionstypen

In unserem Beispiel von eben waren Öltröpfchen in Wasser emulgiert. Die Öltröpfchen bilden dann die sogenannte disperse Phase, und das sie umschließende Wasser wird als kontinuierliche Phase bezeichnet. Im umgekehrten Fall einer Wasser-in-Öl (W/O)-Emulsion bilden die Wassertröpfchen die disperse und das Öl die kontinuierliche Phase. Die disperse Phase kann selbst auch eine Emulsion sein, man spricht dann von einer Doppelemulsion, also O/W/O oder W/O/W. Eine Übersicht über den Aufbau verschiedener Emulsionstypen zeigt die Abbildung 3.4[7].

Ob sich eine O/W- oder aber eine W/O-Emulsion ausbildet, hängt *nicht* davon ab, welche Phase ich zu welcher zugebe! Auch hat das Mengenverhältnis der Phasen nur am Rande mit der sich ausbildenden Emulsion zu tun: Auch wenn oft diejenige Phase in Tröpfchen (dispers) vorliegt, die den kleineren Mengenanteil hat, so gibt es grundsätzlich auch Emulsionen mit einem Dispersphasenanteil von z. B. 70 %.

Wonach entscheidet es sich dann, ob eine O/W- oder eine W/O-Emulsion entsteht? Zur Beantwortung dieser Frage haben Untersuchungen in der Vergangenheit den sogenannten HLB-Wert (von engl. *hydro-*

[7] nach: Köhler, K.; Schuchmann, H. P. (Hrsg.): Emulgiertechnik: Grundlagen, Verfahren und Anwendungen. Behr's Hamburg, 3. Aufl. (2012)

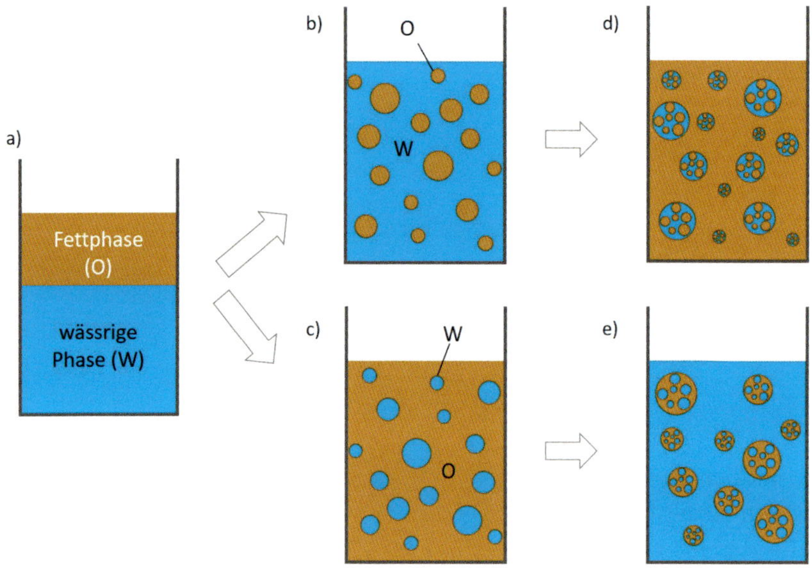

Abbildung 3.4: *Schematischer Aufbau von Emulsionen: a) ungemischt, b) Emulsion vom Typ Öl-in-Wasser (O/W), c) Wasser-in-Öl (W/O), d) Doppelemulsion Öl-in-Wasser-in-Öl (O/W/O), e) Wasser-in-Öl-in-Wasser (W/O/W)*

phile-lipophile balance) und die Regel von BANCROFT[8] hervorgebracht. Letztere sagt aus, dass diejenige Phase zur kontinuierlichen wird, in der sich der Emulgator besser löst.

Eine Aussage über die Löslichkeit liefert nun der HLB-Wert[9]. Auf einer willkürlich gewählten Scala von 1 bis 20 wird das Verhältnis aus hydrophilem zu lipophilem Anteil im Emulgator abgebildet. Je näher der Wert an 20 kommt, umso hydrophiler, je kleiner der HLB-Wert, umso lipophiler ist die Substanz.

Folglich lösen sich Emulgatoren mit relativ kleinem HLB-Wert (etwa zwischen 3 und 8) gut in der Fettphase und bilden bevorzugt W/O-Emulsionen aus. Emulgatoren im Bereich HLB = 8 bis etwa 18 hingegen lösen sich gut in der wässrigen Phase und ergeben stabile O/W-Emulsionen (werden mehrere Emulgatoren verwendet, so bildet man zur Beurteilung den arithmetischen Mittelwert)[10]:

$$\text{HLB} \longrightarrow 20\text{: wasserliebend, bevorzugt O/W}$$

$$\text{HLB} \longrightarrow 0\text{: fettliebend, bevorzugt W/O}$$

Zusätzlich zu den Emulgatoren haben wir es oft noch mit Gelbildnern in unseren Rezepturen zu tun. Sie bilden eine dreidimensionale Struktur aus, die das gesamte Fluid durchzieht. Oft ist diese Matrix hitzeempfindlich und bildet sich erst beim Erkalten der Creme, teilweise auch erst nach Stunden aus. In den Zwischenräumen der Matrix befindet sich die Emulsion. Durch die räumliche Struktur wird die Bewegung innerhalb des Fluids eingeschränkt, so dass ein Zusammentreffen von Tröpfchen untereinander mit der Gefahr des Koagulierens weniger häufig ist.

---

[8] Umbach, W. (Hrsg.): Kosmetik und Hygiene. Wiley-VCH, Weinheim, 3. Aufl. (2004)

[9] Griffin, W. C.: Classification of surface active agents by HLB. In: J. Soc. Cosmet. Chem. 1 (1949) S. 311–326

[10] Dörfler, H.D.: Grenzflächen- und Kolloidchemie. VCH, Weinheim (1994)

Auf diese Weise wirken Gelbildner unterstützend auf Emulsionen und lassen, wenn gewünscht, veränderte Rezepturen mit weniger Emulgatoranteil zu. Andere Verdickungsmittel sind selber unpolar und bewirken „nur" eine Erhöhung der Viskosität, die aber ebenfalls die Tröpfchenbewegungen verlangsamt und unerwünschte Koaleszenz verringert. Gelbildner oder Verdickungsmittel müssen immer in der kontinuierlichen Phase löslich sein, um ihre Wirkung zu entfalten.

Gängige kosmetische Emulsionen (Reinigungsmilche, Cremes, Lotions) sind sogenannte Makroemulsionen, meist O/W, und weisen Tröpfchengrößen zwischen etwa 1 bis 50 μm auf[11]. Im Idealfall liegen die Tröpfchen zwischen 1 bis 20 μm; je kleiner sie sind und je enger das Größenspektrum ist, umso leichter können Öle und fettlösliche Wirkstoffe von der Haut aufgenommen und aufgeschlossen werden. Solche feinen Emulsionen sind „kosmetisch elegant".

3.3 Formulieren der Aufgabenstellung: Emulgieren durch Rühren

Betrachten wir nun den Vorgang des Emulgierens aus rührtechnischer Sicht. In der Abbildung 3.5 ist schematisch der zeitliche Ablauf beim Rühren einer O/W-Emulsion dargestellt: Wir bringen die disperse Phase (hier: Fettphase), den Emulgator sowie die kontinuierliche (wässrige) Phase zusammen, nachdem wir zuvor thermische Energie durch Erwärmen zugefügt haben, vgl. linker Bildteil. Meistens wird die Fettphase mit dem darin gelösten Emulgator im Becherglas bzw. im Rührgefäß vorgelegt und dann die wässrige Phase unter moderatem Rühren zugefügt.

[11] 1μm (Mikrometer oder „Mü-Meter") = 1 Tausendstel Millimeter = 1 Millionstel Meter = $0,001$ mm oder $1 \cdot 10^{-6}$m

Die Temperatur beider Phasen sollte bei den meisten Rezepturen etwa bei 65 bis 75 °C liegen (vereinzelt auch höher, je nach Verarbeitungsanforderungen der Rohstoffe).

Dem so entstandenen Premix wird nun durch Rühren (im mittleren Bildteil) intensiv mechanische Energie zugeführt, häufig wird mit maximal verfügbarer Drehzahl gearbeitet (diese Vorgehensweise wird auch als *One-Pot*-Methode bezeichnet). Dadurch finden zwei wesentliche Grundoperationen statt, die für die Emulsion entscheidend sind: Zum einen wird die disperse Phase in immer kleinere Tröpfchen zerteilt, d. h. die eingetragene Rührerleistung wird dafür verwendet, die Phasengrenzfläche zu vergrößern. Zum anderen bewirkt das intensive Rühren eine gute Durchmischung bzw. Homogenisierung der Emulsion, so dass die Emulgatormoleküle stets „vor Ort sind" und die neu gebildete Phasengrenzfläche kleinerer und kleinster Tröpfchen besetzen können.

Das intensive Rühren mit maximaler Drehzahl kann auch schon gleich am Anfang, direkt während des Zufügens der zweiten Phase erfolgen, bei manchen Rezepturen ist dies sogar unbedingt erforderlich[12]. Durch den zunächst sehr niedrigen Füllstand im Gefäß ist die Gefahr des Spritzens und des Lufteinsaugens allerdings recht groß. Hier muss gegebenenfalls im Einzelfall abgewogen werden, wie die „Empfindlichkeit" der Emulsion ist und ob sie die One-Pot-Methode verträgt. Eventuell muss jedoch

---

[12]Manche Emulsionen verlangen aus haptischen oder sensorischen Gründen einen Emulsionstyp gegen die Natur des Emulgators, Mayonnaise ist so ein Beispiel. Das Lecithin aus dem Eigelb, welches hier den Emulgator darstellt, bevorzugt mit seinem HLB-Wert von etwa 4 eigentlich die Ausbildung von W/O-Emulsionen. Bei der Mayonnaise handelt es sich jedoch um eine O/W-Emulsion, obwohl der Dispersphasenanteil (der des Öls) einen Massenanteil von 70 bis 80 % hat. Deshalb muss das Öl erst tröpfchenweise, dann in einem dünnen Strahl in die wässrige Phase (Eigelb und Flüssigkeit, meist Wasser mit Essig und Zitronensaft), die in diesem Fall vorgelegt wird, **unter ständigem Rühren** eingearbeitet werden. Fehler in der Durchführung führen zu einem Umkippen der Emulsion in W/O, die Mayonnaise ist dann nicht mehr „zu retten". [Quelle: Code of Practise Mayonnaise, CULINARIA EUROPE e. V. Bonn, Brussels (2015)]

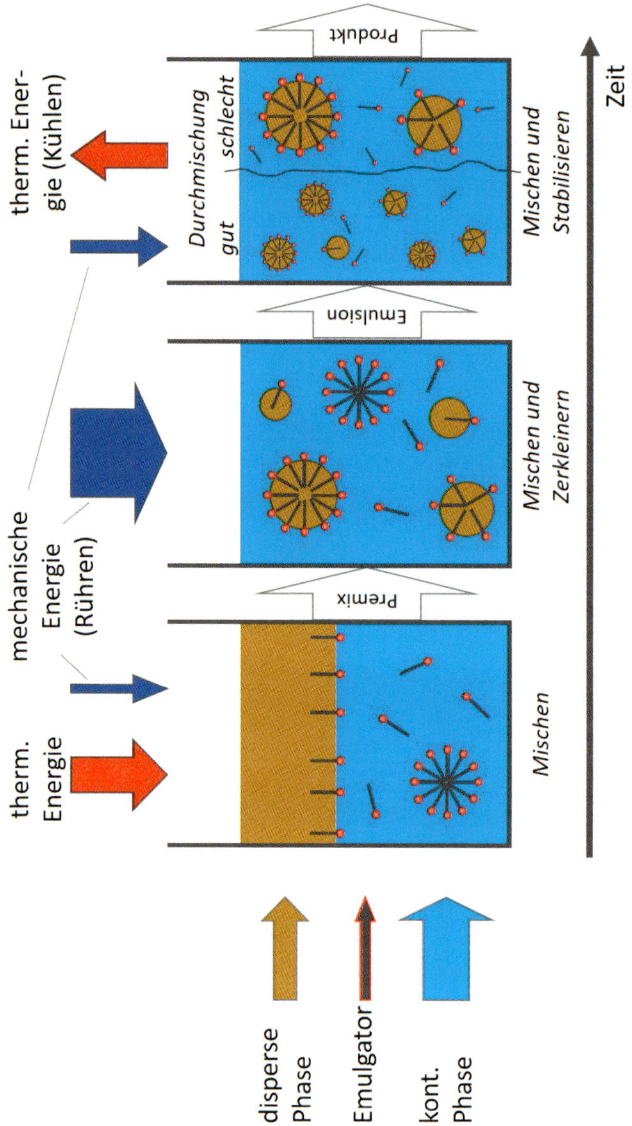

Abbildung 3.5: *Prozess des Emulgierens (zeitlicher Ablauf) am Beispiel einer O/W-Emulsion*

absatzweise zudosiert und die Rührer-Eintauchtiefe mehrmals angepasst werden (bodennah zu Beginn, später höher; vergleiche hierzu auch die Darstellung in Abb. 4.5 im nächsten Kapitel).

Mit fortschreitender Zeit, schematisch dargestellt im rechten Bildteil, kühlt sich die Emulsion ab, d. h. sie gibt Wärme an die Umgebung ab. Der Energieeintrag durch den Rührer ist nur noch moderat, erfüllt aber bis zum vollständigen Abkühlen weiterhin die wichtige Funktion des Mischens und Stabilisierens.

Solange die Emulsion noch warm und relativ dünnflüssig (niedrigviskos) ist, können immer wieder Tröpfchen der Fettphase aufeinandertreffen und dabei koagulieren, wenn die Phasengrenzflächen der Tröpfchen nicht mit ausreichend Emulgatormolekülen bewehrt sind. Deshalb zeigt sich eine gute oder eine schlechte Prozessführung — speziell eine gute oder schlechte Rührerperformance — am Ende in der Qualität der Emulsion: Wir erhalten ein Produkt mit angenehmen haptischen Eigenschaften und gutem Einziehverhalten am besten bei sehr kleiner und zusätzlich gleichmäßig verteilter Tröpfchengröße, siehe linke Hälfte des Becherglases.

Stand hingegen nicht genug Energie für die feine Zerteilung der dispersen Phase zur Verfügung und/oder war die Durchmischung unzureichend, konnte es zur Koaleszenz von Tröpfchen kommen. Wir erhalten eine Emulsion mit großen Tröpfchen, vgl. die rechte Hälfte der Darstellung, die haptisch weniger ansprechend sein kann und zusätzlich die Gefahr beinhaltet, sich nach einiger Zeit sogar zu trennen.[13]

[13] Es liegt in der Natur von Phasengrenzflächen, genauer gesagt an ihrem Energieniveau, dass sich zwei große Tropfen schneller vereinen als zwei kleine. Hat der Vorgang der Koaleszenz erst einmal begonnen, z. B. weil der Emulgator unterdosiert war, so fällt es den Tröpfchen immer leichter, „Beute zu machen“ und zu wachsen, so dass eine anfangs mehrere Tage stabile Emulsion sich scheinbar plötzlich trennt.

Der Rührprozess muss also zwei Aufgaben erfüllen:

1. schnelles und effektives **Zerkleinern** der dispersen Phase und
2. gleichmäßiges, homogenes **Vermischen** des Emulgators, somit des gesamten Gefäßinhaltes.

Leider sind beide Aufgaben nicht ganz identisch in der Anforderung an die technische Ausführung: Ein sehr, sehr guter Zerkleinerer ist meist ein schlechter Mischer, und Rührer mit besonders homogenem Mischbild sind schlechte Zerkleinerer ... Man kommt nicht umhin, Kompromisse zu schließen. Das rührtechnische Wissen, das uns in die Lage versetzt, den für den jeweiligen Umstand besten Kompromiss zu finden, wird uns das folgende Kapitel vermitteln!

Testfrage (5) (Was zum Rechnen ☺): Für eine Creme sollen 10 ml Fettphase und 40 ml wässrige Phase emulgiert werden. Zum Rühren wird ein 100-ml-Becherglas mit einem Durchmesser von ca. 5 cm und einer Grundfläche von ca. 20 cm^2 verwendet.

a) Wie groß ist die Phasengrenzfläche, wenn beide Phasen unvermischt aufeinanderliegen?

b) Nach einem ersten Vermischen sind Öltröpfchen mit einem Durchmesser von je 1 mm entstanden. Sie haben ein Volumen von je 0,0005 ml und eine Oberfläche von je $\approx 0,03\,\mathrm{cm}^2$. Um das Wievielfache hat sich die Phasengrenzfläche vergrößert?

c) Ich emulgiere nun intensiv bei hoher Drehzahl und erzeuge schließlich Tröpfchen mit einem Durchmesser von nur noch 1 μm (das ist ein Tausendstel Millimeter). Wie groß ist jetzt die Phasengrenzfläche (Volumen $V_{\mathrm{Tr}} \approx 5 \cdot 10^{-13}\,\mathrm{ml}$, Oberfläche $A_{\mathrm{Tr}} \approx 3 \cdot 10^{-8}\,\mathrm{cm}^2$)?

Auflösungen

Antwort (3) Durch das Rühren mit dem Löffel wird der gesamte Tasseninhalt in eine Drehbewegung versetzt, die ihrerseits eine auf die Fluidteilchen wirkende Zentrifugalkraft erzeugt. Durch diese strömt der Tee nicht nur im Kreis, sondern wird radial auswärts an den Tassenrand gedrängt, und zwar besonders der oberflächennahe Tee, der kaum Reibung gegenüber seiner Umgebung (Luft) erfährt. Der Tee wird also an der Tassenwand nach unten (der Schwerkraft folgend) und von dort in einer Art großen Zirkulationsschlaufe wieder nach oben befördert.

Die Teeblätter können aufgrund ihres Gewichtes der in der Tassenmitte aufwärts gerichteten Strömung nicht folgen (besonders, wenn die Strömung ja immer langsamer wird und schließlich ganz zum Erliegen kommt) und sammeln sich deshalb in der Mitte auf dem Tassenboden an.

Antwort (4) Anisschnapsgetränke wie Ouzo oder Pernod oder der spanische Hierbas sind Mischungen aus Wasser, Alkohol und Anisölen. Pur ist der Alkoholgehalt hinreichend groß, so dass die drei Stoffe in einer Lösung vorliegen, also einer molekularen Verteilung. Durch Hinzufügen von Wasser verschiebt man jedoch die Gemischzusammensetzung so, dass man schließlich in das Gebiet der Mischungslücke gelangt — es ist nicht mehr genug Alkohol vorhanden, um die Anisöle in Lösung zu halten. Ergebnis: Sie fallen spontan aus und bilden eine Emulsion, d. h. sie liegen nunmehr in einer Verteilung kleinster Tröpfchen vor. Daduch wird das durchtretende Licht anders gebrochen und die Flüssigkeit erscheint milchig-trüb.

Antwort (5)

a) Die Phasengrenzfläche entspricht dem Querschnitt des Becherglases, also 20 cm^2.

b) Wenn aus 10 ml Ölphase Tröpfchen mit einem Volumen von je 0,0005 ml entstanden sind, so beträgt deren Anzahl $\frac{10\,\text{ml}}{0{,}0005\,\text{ml/Tr.}} = 20.000$. Sie haben eine Gesamtoberfläche von $0{,}03\,\text{cm}^2 \times 20.000 = 600\,\text{cm}^2$. Das ist knapp die Fläche eines DIN A4-Blattes und entspricht einer Verdreißigfachung gegenüber dem Anfangszustand.

c) Die analoge Berechnung wie bei b) ergibt nun eine Anzahl von insgesamt $\frac{10\,\mathrm{ml}}{5 \cdot 10^{-13}\,\mathrm{ml/Tr.}} = 2 \cdot 10^{13}$ oder 20 Billionen Tröpfchen. Deren Gesamtoberfläche beträgt 600.000 cm^2 oder 60 m^2, was immerhin einer durchschnittlichen deutschen Zwei-Zimmer-Wohnung entspricht. Gegenüber dem Anfangszustand hat sich die Phasengrenzfläche damit um den Faktor Dreißigtausend vergrößert!

4 Jetzt geht's rund: Emulgieren durch Rühren

4.1 Was bin ich? Unsere Rührertypen

Dieses Kapitel beschreibt die Basisformen von Rührern und ihr jeweils vorherrschendes Strömungsbild. Alle handelsüblichen Rührer lassen sich auf diese Basistypen und ihre Kombinationen zurückführen.

4.1.1 Das Strömungsfeld in einem Rührgefäß

Grundsätzlich liegt in einem gerührten System eine dreidimensionale, räumliche Strömung vor, wie Abbildung 4.1 illustriert. Um sie besser beschreiben zu können, „zerteilt" man ihre Bewegungen in die drei Komponenten der axialen, radialen und tangentialen Richtungen:

> **axial**: Axiale Bewegungen sind solche parallel zur Rührerachse, d. h. wenn die Rührerachse (eigentlich: -welle) aufrecht steht, was sie bei uns ja in der Regel tut, sind es senkrechte Bewegungen (nach oben und nach unten). Beim Schiffspropeller — hier „liegt"

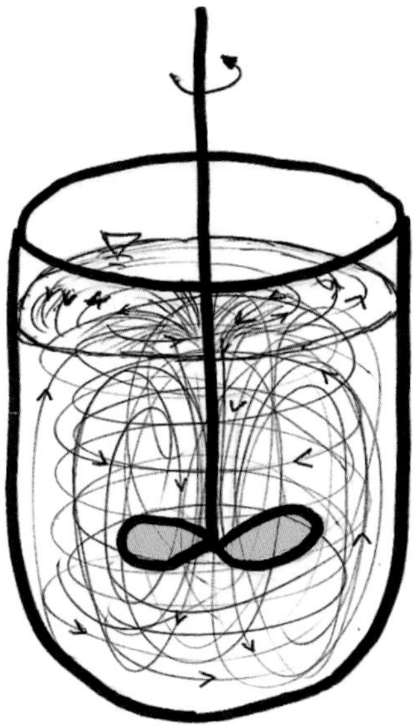

Abbildung 4.1: *Strömung in einem Rührkessel mit Propellerrührer (als Beispiel für einen Axialrührer): Versuch einer räumlichen Darstellung*

die Achse ja horizontal im Wasser — wäre die axiale Richtung hingegen gleichbedeutend mit „in Fahrtrichtung“);

radial: Bewegung von der Rührerwelle in Richtung des Radius (also quasi sternförmig) nach außen zur Behälterwand oder umgekehrt von außen nach innen zum Mittelpunkt gerichtet;

tangential: Bewegung in Umfangsrichtung, d. h. kreisförmig um die Rührerachse herum.

Die tangentiale Strömung wird Primärströmung genannt, radiale und axiale Komponente bilden gemeinsam die Sekundärströmung.

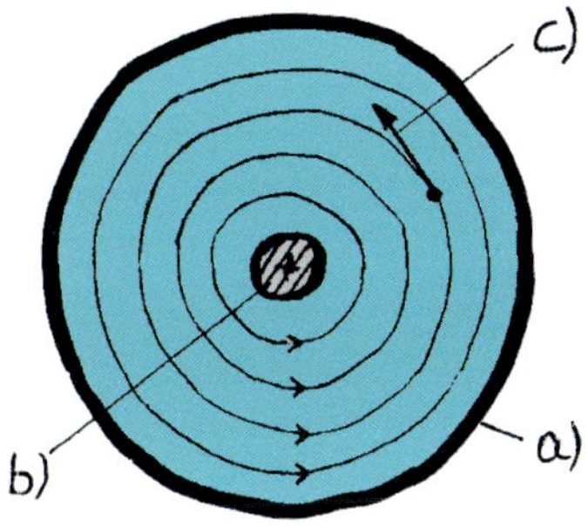

Abbildung 4.2: *Blick von oben in das Rührgefäß beim Rühren eines Fluids; a) Wand des Becherglases oder Rührgefäßes, b) Rührerwelle, c) Momentangeschwindigkeit eines Fluidteilchens.*

Primärströmung

Die Primärströmung ist das, was man sieht, wenn man von oben auf ein gerührtes System guckt: die Bewegung im Kreis, wie sie Abbildung 4.2 zeigt. Die momentane Geschwindigkeit eines Fluidteilchens auf der Kreisbahn ist als tangentialer Geschwindigkeitspfeil eingezeichnet; die Primärströmung stellt also den tangentialen Anteil der Fluidströmung dar. Die Primärströmung ist besonders ausgeprägt bei sogenannten wandgängigen Rührern, wie z. B. dem Ankerrührer, zu ihm später mehr.

Sekundärströmung

Die anderen zwei Raumrichtungen der Fluidbewegung bilden gemeinsam die sogenannte Sekundärströmung, die wir uns als Blick von der Seite auf ein „halbiertes Rührgefäß“ vorstellen können. Die Abbildung 4.3 zeigt sie uns am Beispiel eines Scheibenrührers.

Ursache für die Ausbildung einer Sekundärströmung ist immer die Flieh- oder Zentrifugalkraft, die auf die Fluidteilchen wirkt, aber ihre

Ursache in der *Primär*strömung hat: Ein Stein an einer Schnur, den man schnell über dem Kopf rotieren lässt, zeigt deutlich die Wirkung der Kraft, wenn man die Schnur loslässt: Der Stein fliegt nach außen weg, und zwar umso weiter, je schneller die vorherige Rotation war[1].

Im Fall des Rührens entspricht unser „Lassoarm" nun dem sich drehenden Rührer, der Stein veranschaulicht ein rotierendes Fluidteilchen und die Schnur ist die Darstellung der Viskosität, die unseren Fluiden innewohnt. So, wie sie den Stein mit dem Zentrum der Drehbewegung (dem „Lassoarm") verbunden und die kreisende Bewegung auf ihn übertragen hat, so sorgt die Viskosität dafür, dass die Flüssigkeit zunächst an der Oberfläche des Rührers haftet und sich mit ihm mitbewegt. Anschließend wird diese Bewegung durch Reibung an die benachbarte Flüssigkeit weitergegeben. So wird schließlich auch ein weit vom Rührer entferntes Fluidteilchen von der Drehbewegung erfasst.

> **Frage zum Selbsttest (6)**: Kann man auch nur mit einem Stab, ohne Rührorgan (also nur die Rührerwelle ohne Blätter) rühren?

---

[1]Die Kraft F, mit der ein (Fluid-)Teilchen nach außen geschleudert wird, hängt von drei Dingen ab: seiner Masse m, seiner Bahngeschwindigkeit w (das entspräche der Länge des Pfeiles aus Abb. 4.2) und dem Radius r, auf dem es sich bewegt, und zwar nach folgender Formel: $F = m\frac{w^2}{r}$. Die Kraft ist also umso stärker, je schwerer das Teilchen, je enger der Bahnradius (also je dichter es an der Rührerwelle kreist) und je höher seine Geschwindigkeit ist, wobei zu beachten ist, dass die Bahngeschwindigkeit im Quadrat eingeht: Eine Verdoppelung der Geschwindigkeit hat eine Vervierfachung der Zentrifugalkraft zur Folge!

Dadurch, dass die Masse des Fluidteilchens ebenfalls eine Rolle spielt, können durch die Zentrifugalkraft verschieden schwere Teilchen voneinander getrennt werden, das ist das Prinzip sogenannter Separatoren oder Zentrifugen. Theoretisch kann dies auch bei gerührten Emulsionen passieren, wenn die verschiedenen Phasen (in unserem Fall also i.d.R. Wasser und Öl) sich sehr stark in ihrer Dichte unterscheiden. Nach meiner persönlichen Erfahrung ist das für unsere Maßstäbe und unsere Stoffe, mit denen wir arbeiten, aber ohne Bedeutung.

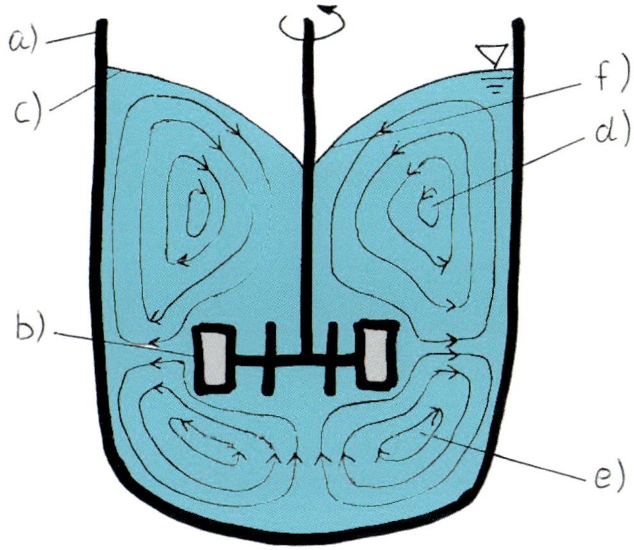

Abbildung 4.3: *Sekundärströmung beim Rühren mit einem Radialrührer: a) Wand des Becherglases oder Rührgefäßes, b) Rührer (hier: Scheiben- bzw. 6-Blatt-Rührer), c) Flüssigkeitsoberfläche, d) oberer Ringwirbel, e) unterer Ringwirbel, f) Trombe.*

Schließlich dreht sich das ganze Fluid. Klar: Das ist die Primärströmung! Auf die sich im Kreis drehenden Fluidteilchen wirkt nun aber eben die Zentrifugalkraft, die dazu führt, dass die Flüssigkeit von der Rührerwelle und vom Rührorgan radial nach außen weggeschleudert wird. Die Flüssigkeit trifft dann früher oder später auf die Gefäßwand, die eine Umlenkung erzwingt. Wo dieser „Treffpunkt“ ist und wie die Flüssigkeit umgelenkt wird, ergibt dann die Form oder Gestalt dieser die Rotationsbewegung überlagernden Strömung, die man Sekundärströmung nennt.

Die Gestalt der Sekundärströmung hängt in erster Linie vom Typ des verwendeten Rührers ab. Jeder Rührertyp hat also eine ihn besonders auszeichnende, charakteristische Strömungsrichtung, weshalb man Rührer allgemein in Radial-, Axial- und Tangentialrührer unterteilen kann. Je nachdem, welche Strömungsrichtung vorherrscht, ergeben sich verschiedene Einsatzgebiete, für die ein Rührer besonders geeignet ist.

4.1.2 Radialrührer

Eben wurde zur Erläuterung der Sekundärströmung ein Radialrührer herangezogen: Er zeichnet sich dadurch aus, dass in der Ebene, in der sich das Rührwerkzeug befindet, das Fluid radial nach außen weggeschleudert wird. Diese Bewegung ist die, bei der das Fluid am stärksten beschleunigt wird und sich am schnellsten bewegt. Sie charakterisiert das gesamte Strömungsfeld im Rührgefäß, deshalb tragen Rührwerkzeuge, die diese Strömung ausbilden, den Namen „Radialrührer“.

Ein typischer Vertreter ist ein (vier- oder meist sechsblättriger) Scheibenrührer[2], wie er in der Abb. 4.3 angedeutet ist. Es gibt ihn in verschiedenen, mehr oder weniger starkt modifizierten Varianten, z. B. mit

[2]Der 6-Blatt-Scheibenrührer wird im Angelsächsischen auch häufig als *Rushton Turbine* bezeichnet. Hier: `https://www.youtube.com/watch?v=BgvHnhJ4jL4` gibt es eine sehr anschauliche Animation zum Strömungsfeld!

schräg angestellten Blättern, mit abwechselnd nach oben und unten gebogenen „Zähnen“ am Scheibenrand (statt Blätter) oder — konstruktiv ganz schlicht — mit zwei gekreuzten Balken anstelle der Scheibe.

Das vom Rührorgan nach außen geschleuderte Fluid wird an der Gefäßwand umgelenkt: ein Teil nach oben, der andere nach unten. Je schneller die Bewegung ist, umso höher kann die Flüssigkeit oberhalb des Rührers an der Wand emporsteigen (und auf diesem Wege „die Flucht aus dem Becherglas“ antreten — wer hätte es nicht schon einmal versehentlich erlebt!). Schließlich „fällt“ das Fluid in Richtung Mitte in das Rührgefäß zurück, kommt dort wieder in den Einflussbereich des Rührorgans, das es nach außen schleudert usw. Auf diese Weise entsteht der obere Ringwirbel[3].

Ein Fluidteilchen, das an der Außenwand nach unten umgelenkt wurde, folgt der Gefäßform, fließt am Boden nach innen zur Mitte und trifft dort auf seine „Nachbarn“. Da stets Flüssigkeit nachströmt, wird das Fluidteilchen nach oben — axial aufwärts — bis zur Rührerebene hochgedrückt und der Kreislauf schließt sich, sobald das Fluidteilchen die Rührerebene erreicht hat. Es ist ein zweiter, unterer Ringwirbel entstanden, vgl. Abb. 4.3.

Der sich durch die an der Gefäßwand auftürmende Flüssigkeit an der Oberfläche bildende Trichter wird „Trombe“ genannt. Sie führt u. a. zum unerwünschten Lufteinschluss, wir kommen später darauf zurück.

4.1.3 Axialrührer

Setze ich einen Propellerrührer ein, erhalte ich ein gänzlich anderes Strömungsbild. Nicht umsonst leitet sich sein Name vom lateinischen *propellere* ab, was so viel wie „vorwärtstreiben“ bedeutet. Deshalb kennt man

[3]Einen Ringwirbel kann man sich dreidimensional wie einen Donut vorstellen, der ständig von innen nach außen „umgekrempelt“ wird.

Propeller vor allem von Schiffsschrauben und an Flugzeugen, wo er für den gewünschten Vortrieb sorgt.

Im Gegensatz zum Schiff und zum Flugzeug, wo der Propeller „liegt", „steht" er im Rührgefäß; dennoch können wir die Strömungsform direkt übertragen, vergleiche hierzu die Abbildung 4.4: Die Flüssigkeit oberhalb der Propellerblätter wird vom sich drehenden Rührer angesaugt und nach unten, zum Gefäßboden hin, ausgestoßen. Dort wird sie zwangsläufig umgelenkt, fließt erst nach außen zur Behälterwand und dort aufwärts, bis sich die Flüssigkeit schließlich zu einem großen Ringwirbel vereint und in der Gefäßmitte wieder in den Einflussbereich der Propellerrührerblätter gelangt.

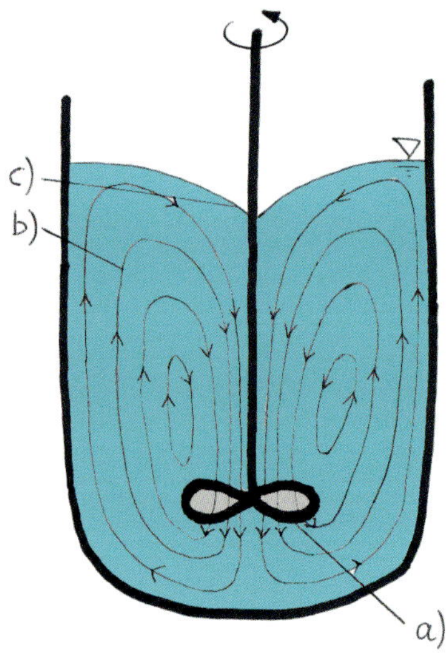

Abbildung 4.4: *Sekundärströmung beim Rühren mit einem Axialrührer, hier am Beispiel des Propellerrührers: a) Propellerrührer (2- oder 3-flügelig), b) Ringwirbel, c) Trombe.*

Zusätzlich zu dieser ringförmigen Bewegung muss man sich jetzt natürlich noch die Primärströmung, also die Bewegung „im Kreis " vorstellen, die ja immer die Sekundärströmung überlagert. Das bedeutet, dass ein Fluidteilchen nicht ewig auf einer in Abb. 4.4 gezeigten Stromlinie kreist, sondern sich vielmehr in einer Art von Spiralbahn durch das Rührgefäß bewegt, wie Abb. 4.1 versuchte zu veranschaulichen. Dadurch zeichnet sich der Propellerrührer durch eine gute und gleichmäßige Durchmischung aus.

Da die den Propellerrührer charakterisierende Geschwindigkeit jene entlang der Achse ist (egal, ob „stehend" wie bei uns beim Rühren, oder „liegend" als Antriebsorgan für Schiffe und Flugzeuge), bezeichnet man ihn als Axialrührer.

4.1.4 Tangentialrührer

Wieder ganz anders verhält sich der Ankerrührer als klassischer Vertreter der Zunft der Tangentialrührer: Er ist ein randgängiger Rührer (der „Ankerdurchmesser" ist nur wenig kleiner als der Behälterdurchmesser) und er wird mit vergleichsweise niedrigen Drehzahlen betrieben. Eine Skizze eines Ankerrührers ist in Abbildung 4.5, linkes Bild, zu sehen.

Die hauptsächlich von einem Ankerrührer erzeugte Strömungsrichtung ist die in Drehbewegungsrichtung, also tangential. Wir erinnern uns: Die tangentiale Strömungsrichtung bildet die Primärströmung, die wir sehen, wenn wir von oben draufgucken. Die Bewegungen in radialer sowie in axialer Richtung sind weniger ausgeprägt, so dass auch die Vermischung in einem Rührgefäß mit Ankerrührer eher mittelmäßig ist.

Vorteilhaft ist der Ankerrührer durch seine Wand- und Bodennähe beim Einmischen von festen Partikeln (zum Beispiel pulverförmige Rohstoffe), deren Festkleben bzw. Sammeln in Totzonen recht gut verhindert wird.

Mit seinen Ankerbalken schiebt er außerdem das Fluid durch das Rührgefäß, so dass er auch mit hochviskosen, teigigen, salbenartigen und/oder hohe Feststoffanteile enthaltenden Fluiden gut zurechtkommt. Man spricht von einem zwangsfördernden Charakter[4].

Frage zum Selbsttest (ganz leicht ☺(7)): Ordne die gezeigten Rührwerkzeuge den Begriffen Radial-, Axial- sowie Tangentialrührer zu! [Fotos: IKA®-Werke GmbH & CO. KG]

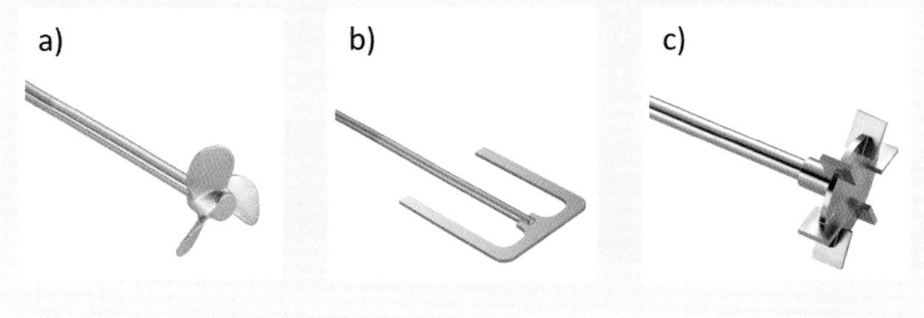

4.1.5 Übersicht Betriebsparameter

In der Abbildung 4.5 sind Beispiele für eine geeignete Positionierung dreier „klassischer" Vertreter der axialen, radialen sowie tangentialen Rührer gezeigt. In den Kästchen sind Hinweise für das Breitenverhältnis Rührer/Rührgefäß und die Einbautiefe gegeben sowie die anwendbaren

[4] „Zwangsfördernd" meint, dass ein (hochviskoses) Fluid nicht durch strömungsmechanische Vorgänge — also dem Zusammenspiel von Trägheits-, Reibungs- und Zentrifugalkräften — im Rührgefäß bewegt wird, sondern durch Schieben und Verdrängen mittels der Flanken des Rührorgans. Auch nicht-fließfähige, pastöse Zubereitungen können so durchmischt werden, da das vor der schiebenden Flanke aufgetürmte Material immer wieder „abbricht", untergehoben und erneut aufgetürmt wird. Dadurch werden Materialstränge stets aufs Neue getrennt und verändert zusammengefügt, und beliebige Homogenitätsgrade sind erreichbar.

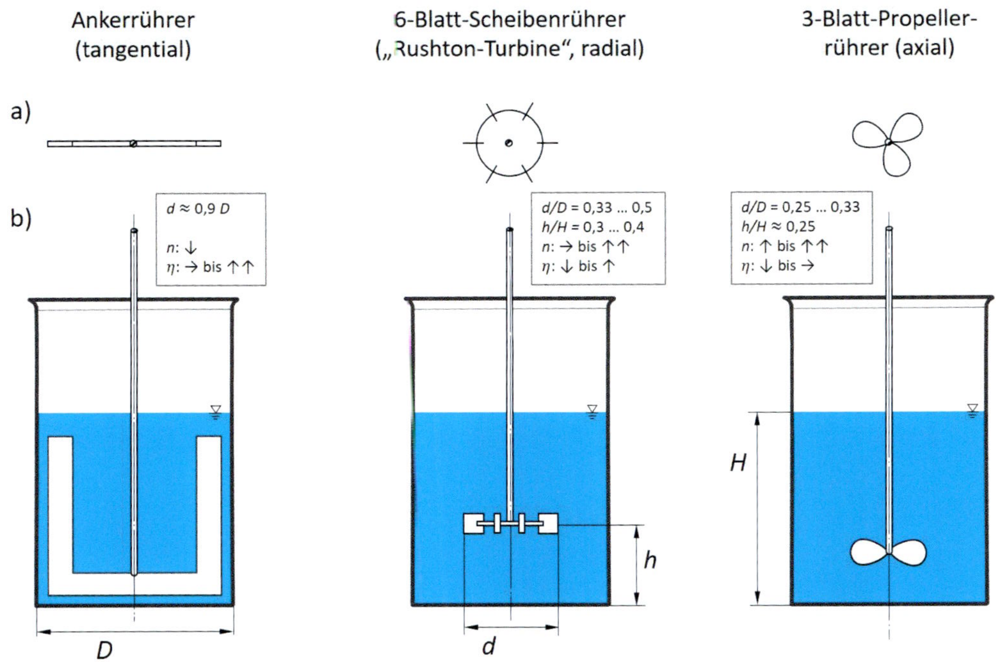

Abbildung 4.5: *Tangential-, Radial- und Axialrührer mit Einbaubeispielen: a) Rührorgan von oben, b) Rührorgan eingebaut mit typischen geometrischen Verhältnissen (D: Durchmesser des Rührgefäßes, d: Durchmesser des Rührers, H: Füllhöhe des Fluides, h: Höhe der Rührerebene über dem Gefäßboden) sowie Drehzahlbereich n und Viskositätsbereich η.*

Viskositäts- und Drehzahlbereiche. Die Angaben sind natürlich nur als ungefähre Richtwerte zu verstehen, eigene Erfahrung aus Ändern, Probieren, Testen und Wieder-Ändern ersetzt auf Dauer jedes Fachbuch ...!

Der Ankerrührer, im Bild links dargestellt, entfaltet seine beste Perfomance, wenn er wie gezeigt wand- und bodennah eingebaut ist. Es sollte unbedingt darauf geachtet werden, dass der Füllstand nicht zu niedrig ist; besonders bei mittel- bis niedrigviskosen Flüssigkeiten dürfen die Enden der Ankerblätter nicht aus der Flüssigkeit herausragen, da ansonsten mit starkem Spritzen und Lufteinziehen gerechnet werden muss. Ein Ankerrührer kann durch seine zwangsfördernde Strömungscharakteristik besonders hochviskose Fluide gut verarbeiten. Dies zeichnet ihn aus, da seine „Kollegen" Scheiben- und Propellerrührer hier oft versagen.

Die Drehzahl beim Betrieb des Ankerrührers liegt in der Regel im niedrigen Bereich. Beachte: Durch den großen Durchmesser und die damit einhergehende vergleichsweise hohe Umfangsgeschwindigkeit sowie zusätzlich durch die geringen Wandabstände kann eine nicht unerhebliche, im schlimmsten Fall das Produkt bzw. die Produktqualität beeinträchtigende Reibungswärme enstehen.

Ein Radialrührer (Bildmitte) verfügt über sehr gute Misch- und Emulgiereigenschaften und kann vom niedrigen bis weit in den mittleren Viskositätsbereich eingesetzt werden, er ist eine Art „Mädchen für alles". Rührer und Rührgefäß sollten so aufeinander abgestimmt werden, dass der Rührerdurchmesser — in der Abb. 4.5 mit „d" markiert — etwa ein Drittel bis die Hälfte des Gefäßdurchmessers D beträgt.

Ein solcher Radialrührer — hier durch den 6-Blatt-Scheibenrührer vertreten — wird idealerweise ewas unterhalb der halben Füllhöhe eingebaut, also wie auch im Bild skizziert bei etwa $h = 0,3\,H$ bis $h = 0,4\,H$. Er entfaltet seine Performance ab dem moderat-mittleren Drehzahlbereich, ist aber auch für hohe Drehzahlen (zum Beispiel in der Phase der Emulsionsbildung bei maximaler Drehzahlleistung des Rührwerks) geeignet.

Der Propeller als Vertreter der axialen Rührer ist im rechten Bildteil zu sehen. Er durchmischt besonders niedrigviskose Fluide schonend und gleichmäßig und ist auch bei den erforderlich hohen Drehzahlen „sanft“ zum Rührgut — was allerdings zum Emulgieren gerade nicht erwünscht ist, hier brauchen wir die lokal hohen Scherbeanspruchungen, wie später noch erläutert wird.

Der Propellerrührer ist meist noch kleiner als der Scheibenrüher (etwa ein Viertel des Gefäßdurchmessers) und er wird eher noch etwas tiefer eingebaut, die Darstellung in Abb. 4.5 ist soweit maßstäblich.

Wir haben jetzt die grundlegenden Bewegungsrichtungen — radial, axial und tangential — in einem Rührgefäß kennengelernt sowie mit dem Scheiben-, dem Propeller- und dem Ankerrührer je einen „klassischen“ Vertreter unter den Rührwerkzeugen. Sie lassen sich durch die jeweils vorherrschende der drei durch das Rührorgan hervorgerufenen Bewegungsrichtungen in besonderem Maße charakterisieren.

Natürlich gibt es auch Mischformen sowie echte „Emulgier-Spezialisten“; bevor wir diese näher kennenlernen, werden wir uns aber mit den rührtechnischen Anforderungen des Emulgiervorganges noch etwas vertrauter machen.

4.2 Von Turbulenzballen und anderen Effekten: Der Vorgang des Emulgierens aus strömungsmechanischer Sicht

Im vorangegangenen Kapitel hatten wir uns das Zusammenspiel von Fett- und wässriger Phase mit dem Emulgator als oberflächenaktive Substanz angesehen — gewissermaßen die chemische Seite der Bildung einer Emulsion. Nun wollen wir den Vorgang des Emulgierens aus strömungsmechanischer Sicht beleuchten, da wir daraus entscheidende Anforderungen an die Auswahl des Rührers als auch an den Rührprozess stellen können.

Basis einer guten Emulsion sind möglichst klein zerteilte Tröpfchen — Öltröpfchen, wenn es eine O/W-Emulsion werden soll, Wassertröpfchen bei W/O. Wie weiter oben beschrieben, weisen Makroemulsionen (zu ihnen gehören unsere kosmetischen Zubereitungen) Tröpfchengrößen im Bereich von etwa 1 bis 50 μm, besser noch 1 bis unter 20 μm auf, wobei die Emulsion umso besser in Haptik und Stabilität ist, je gleichmäßiger (einheitlicher) die Größenverteilung der Tröpfchen ist. Wenn wir gedanklich von 10 μm (das sind 10 Millionstel Meter oder 10 Tausendstel Millimeter oder 1 Hunderstel Millimeter) als Zielgröße ausgehen, passt das praktisch recht gut.

Viele kleine Tropfen haben eine größere Oberfläche und eine höhere Oberflächenspannung als ein großer Tropfen mit demselben Flüssigkeitsinhalt. Damit ist auch die Phasengrenzflächenenergie der vielen, in Summe volumengleichen kleinen Tröpfchen höher als die des einen großen Tropfens. Das heißt, um aus einem großen Tropfen viele kleine zu machen, muss ich Energie zuführen[5]. Diese benötigte Energie stelle ich zu einem kleinen Teil durch die Erwärmung beider Phasen zu Beginn der Cremeherstellung zur Verfügung, hauptsächlich jedoch führe ich sie über das Rühren zu.

Die Zerteilung eines Tropfens in zwei oder mehr kleinere Tröpfchen läuft nach folgendem Schema ab:

1.) Deformation: aus der Kugelform wird ein „Schlauch"
2.) weitere Vergrößerung der Phasengrenzfläche
3.) Zerreißen der Phasengrenzfläche
4.) spontane „Zusammenballung" der „Bruchstücke" zu kleinen, kugelförmigen Tropfen

Zur Deformation — dem ersten Schritt der Zerteilung — kann es durch dreierlei Effekte kommen, die einzeln oder auch überlagernd auftreten können. Betrachten wir als Erstes die Deformation durch Scherung.

Deformation durch Scherung

Im Bereich der sogenannten laminaren[6] Strömung bewegen sich die Fluidteilchen grundsätzlich in Schichten, d. h. ohne dass es zu einem Quer-

[5]Die thermodynamische Erklärung dafür ist, dass die Anziehungskräfte zwischen den Molekülen einer Phase im Innern anders sind, als an der Grenzfläche. Sie wirken so, als wollten sie ein Molekül, das sich in der Phasengrenzfläche befindet, ins Innere des Tröpfchens ziehen. Um nun die Grenzfläche zwischen dem Tropfen und seiner Umgebung zu vergrößern, muss man Moleküle gegen diese Kraft in die Oberfläche „hieven", dadurch erklärt sich der Energieaufwand beim Zerkleinern, es wird nämlich *Arbeit verrichtet*.

Zugleich erklärt sich auch, warum Tröpfchen koagulieren möchten: Beim Zusammenfluss von mehreren kleineren zu einer großen Oberfläche entsteht ein energieärmerer Zustand, der stets bei in der Natur ablaufenden Vorgängen das Ziel und im „berühmten" 2. Hauptsatz der Thermodynamik postuliert ist.

[6]von lat. lamina: „die Platte"

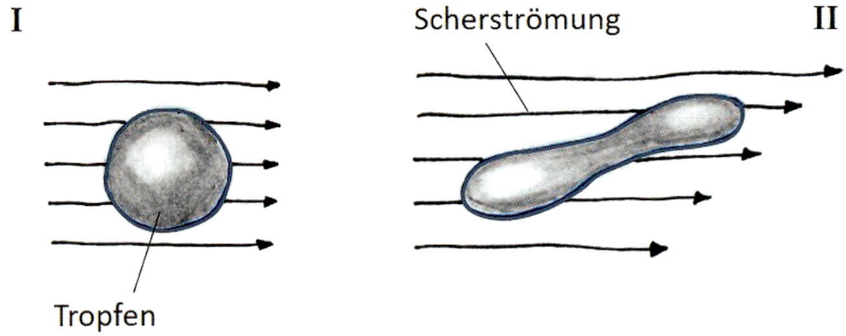

Abbildung 4.6: *Deformation eines Tropfens durch Scherung: I: Der Tropfen bewegt sich mit einer gleichmäßigen Strömung mit; II: Anliegen eines Geschwindigkeits- bzw. Schergradientens, der Tropfen wird durch die sich unterschiedlich schnell bewegenden Fluidschichten deformiert.*

austausch zwischen den Schichten kommt. Wenn sich alle Fluidschichten mit der gleichen Geschwindigkeit bewegen, entsteht das in Abbildung 4.6, Teil I, gezeigte Bild: Ein Tropfen schwimmt hier ganz gleichmäßig mit der Strömung mit.

Nun können sich die Flüssigkeitsschichten aber auch unterschiedlich schnell bewegen, z. B. weil an einer Stelle das Fluid von außen in Bewegung versetzt wird. So wird es sich direkt am Rührer natürlich schneller bewegen, als in der Nähe der Gefäßwand. Der laminare Charakter kann dabei erhalten bleiben, wenn die unterschiedlichen Flüssigkeitsschichten aneinander entlanggleiten, ohne dass es zu einer Quervermischung kommt. Eine solche laminare Scherströmung zeigt Abb. 4.6, Teil II.

Zwischen den Schichten besteht ein Geschwindigkeitsgefälle (ein Gradient), wie es auch bei unserem Wasserskifahrer in Abb. 2.1 zwischen den bewegten Skiern an der Seeoberfläche und dem ruhenden Grund des Sees der Fall war.

Geschwindigkeitsgradienten finden wir natürlich auch und besonders in gerührten Systemen, nämlich zwischen dem sich drehenden Rührer und der Gefäßwand und dadurch auch an jeder Stelle innerhalb des gerührten Fluids: Aufgrund des komplexen, sich aus Primär- und Sekundärströmung zusammensetzenden dreidimensionalen Strömungsfeldes ist jedes Fluidteilchen von „Nachbarn“ umgeben, die sich entweder schneller oder langsamer bewegen.

Gerät nun ein Tropfen der dispersen Phase — also beispielsweise ein Öltröpfchen — in den Bereich eines solchen Geschwindigkeitsgefälles, so erfährt er eine Scherung, da er sich aufgrund seiner fluiden Grenzfläche mit dem umgebenden Fluid mitbewegt: Ein Teil des Tropfens wird nun schneller mitgenommen als der andere Teil. Der Tropfen wird dadurch deformiert und es entsteht ein (mehr oder weniger gleichmäßig geformter) „Schlauchtropfen“. Dieser Vorgang ist in ebenfalls in Abbildung 4.6, Teil II, illustriert.

Deformation durch Hindernisse

Das Geschwindigkeitsgefälle — die Scherung — kann auch dann auftreten, wenn der Tropfen ein Hindernis passieren muss, siehe hierzu Abbildung 4.7.

Dieses passiert z. B. direkt an den Spitzen des Rührorgans. Beim Scheibenrührer kann man sich das besonders gut vorstellen: Während ein Teil des Tropfens schon vorbeiströmen will, bekommt der restliche Tropfen den Rührer direkt „vor die Nase“, wodurch die starke Verformung erzeugt wird.

Durch die Gestaltung des Rührer-„randes“ bzw. der -„spitzen“ kann man also die Tropfenzerteilung begünstigen, solche besonders geeigneten Rührer werden auch „Dissolver“ genannt. Eine besondere, Verformungen begünstigende Geometrie tritt auch im Innern von sogenannten

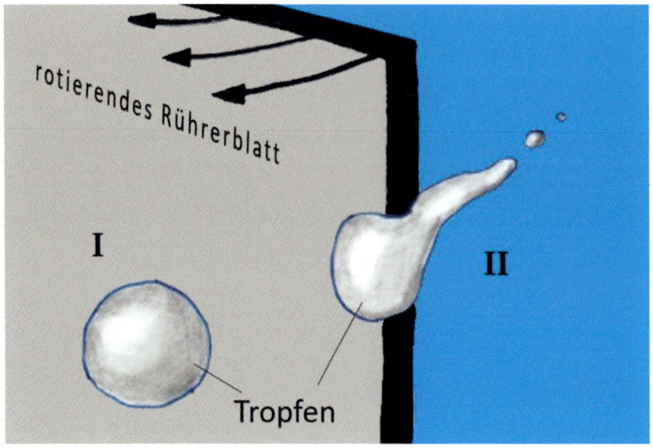

Abbildung 4.7: Deformation eines Tropfens durch ein Hindernis, hier durch ein rotierendes Rührerblatt: Ein in der Strömung mitschwimmender Tropfen (I) vermag aufgrund seiner Trägheit nicht schnell genug um die Rührerkante „herumzuschlüpfen" und kommt ihr dadurch zu nahe (II). Er wird buchstäblich zerschlagen.

Rotor/Stator-Systemen auf. Beide „Spezialisten" werden später noch in einem eigenen Unterkapitel ausführlich behandelt.

Deformation durch Turbulenz

Die dritte Ursache für Tropfendeformation ist in Abbildung 4.8 skizziert und liegt in der spontanen Bewegung sogenannter Turbulenzballen.

Turbulenz ist ein Effekt, der in energiereichen Strömungen auftritt und dadurch gekennzeichnet ist, dass neben der Hauptströmungsrichtung immer wieder spontane, in alle Raumrichtungen zufällig gerichtete Geschwindigkeitsschwankungen auftreten. Dabei findet nicht etwa nur eine kleine, punktuelle Geschwindigkeitsänderung statt, sondern ganze Flüssigkeits-„Klumpen" — die Turbulenzballen nämlich — machen innerhalb des Fluids „Sprünge".

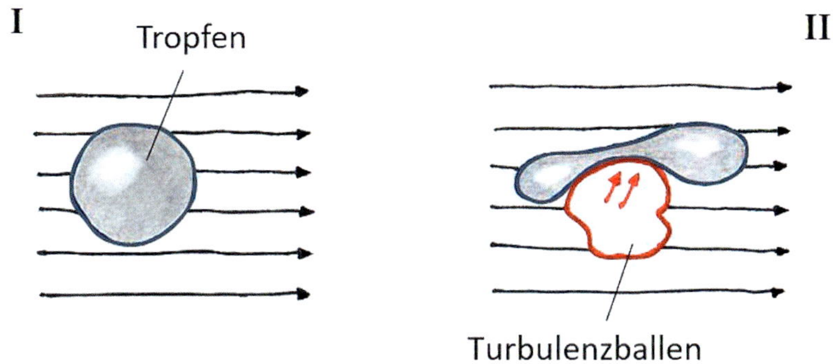

Abbildung 4.8: *Deformation eines Tropfens durch Turbulenz: Innerhab einer zunächst gleichmäßigen Strömung (I) kann es zu spontanen, ungerichteten Bewegungen von Turbulenzballen kommen (II). Sind sie ähnlich groß wie die Tropfen, vermögen sie diese zu deformieren.*

Nach der auf den russischen Mathematiker KOLMOGOROV zurückgehenden Theorie[7] entstehen zuerst große Turbulenzballen, die dann kaskadenartig in immer kleinere zerfallen, bis die allerkleinsten schließlich zwischen den strömenden Fluidschichten zerrieben werden und ihre restliche Energie in Form von Wärme an das Fluid abgeben.

Aus Sicht eines Öltröpfchens, das in der umgebenden wässrigen Phase umherschwimmt, ist ein Turbulenzballen dann „gefährlich", wenn dieser in etwa von derselben Größe wie das Tröpfchen ist. Innerhalb eines sehr großen Turbulenzballens würde der Tropfen einfach eingeschlossen werden und mitschwimmen und sehr viel kleinere können ihm gar nichts anhaben. Ein ähnlich großer Turbulenzballen hingegen kann wie eine

[7] Andrej Nikolaevič KOLMOGOROV (*1903 in Tambow, †1987 in Moskau): „Die lokale Struktur der Turbulenz in einer inkompressiblen zähen Flüssigkeit bei sehr großen Reynoldsschen Zahlen" In: Sammelband der statistischen Theorie der Turbulenz. Berlin-Ost: Akademie Verlag (1958), 71–76

Scherung und zugleich wie ein Hindernis mit der Folge der Deformation des Tropfens wirken, wie die Abbildung 4.8 versucht zu veranschaulichen.

Turbulenzballen sind übrigens keineswegs immer mikroskopisch klein! Die meisten von uns werden schon einmal ihre Wirkung erfahren haben: Wenn man in einem Flugzeug unterwegs ist und umgangssprachlich in ein „Luftloch" gerät, hat ein Turbulenzballen mit einigen Kubikmetern Inhalt durch seine spontane Richtungsänderung das Flugzeug kurzzeitig „aus der Bahn geworfen" und zu teilweise beachtlichen abrupten Höhenänderungen geführt[8]. Da die Kräfte auf den Rumpf oder die Flügel nicht an allen Stellen gleichmäßig angreifen, kommt es dabei teilweise zu nicht unerheblichen, knackenden oder „ächzenden" Geräuschen.

Empfindliche Gemüter seien beruhigt: Was ein emulgiertes Tröpfchen in Stücke reißen kann, vermag ein Flugzeug nicht ernsthaft zu schädigen, Konstruktion und Material verkraften das, ganz sicher!

Ein kleiner Exkurs: Reynolds, die Turbulenz und eine Zahl ohne Einheiten

Hinweis: Wer sich von Gleichungen abgeschreckt fühlt, kann diesen Exkurs getrost überspringen und auf Seite 78 wieder einsteigen — vielleicht liest es sich später beim erneuten Versuch ja leichter ☺.

Wovon hängt es nun ab, ob Turbulenz vorliegt (und uns damit beim Emulgieren helfen kann)? Ich hatte eben schon erwähnt, dass Turbulenz in *energiereichen* Strömungen auftritt. Eine Strömung ist dann energiereich, wenn sie schnell ist; darüber hinaus tritt Turbulenz eher in größeren Gefäßen (oder auch Rohrleitungen) auf als in kleinen[9], und eher bei niedrig- als bei hochviskosen Fluiden.

[8] In der Fliegerei wird dieses Phänomen als *Clear Air Turbulence* bezeichnet.

[9] Das hat etwas mit dem Verhältnis aus Reibung (an den Wänden des Gefäßes oder

Tatsächlich kommt es alleine auf die *Kombination* der drei genannten Größen Geschwindigkeit w, charakteristische geometrische Größe d (z. B. Rührer- oder Rohrdurchmesser, je nach System) und Viskosität η bzw. ν an, um zu beurteilen, ob und wie stark Turbulenz vorliegt.

Zu dieser Erkenntnis gelangte REYNOLDS Ende des 19. Jahrhunderts in seinen berühmten Farbfadenversuchen.[10] Nach ihm ist dann auch die besagte Kombination der Parameter Geschwindigkeit, geometrische Größe und Viskosität benannt. Sie heißt REYNOLDS-Zahl Re und ist aufgrund ihrer Definition einheitenfrei.

Was macht diese REYNOLDS-Zahl so besonders, dass ihr hier ein eigenes Unterkapitel gewidmet wird? Nun, ihre[11] Stärke liegt darin, dass mit einer einzigen Zahl der Charakter eines gerührten Systems beschrieben werden kann, ohne dass es auf die Werte der einzelnen Parameter ankommt. Das kann dann in der Praxis mal so aussehen:

---

des Rohres) und der Trägheit infolge der Bewegung des Fluides zu tun. Je größer das Gefäß ist, umso geringer ist der Einfluss der Reibung, so dass Turbulenz begünstigt wird.

[10] Osborne REYNOLDS, *1842 in Belfast, Nordirland; †1912 in Somerset, England; britischer Physiker. Er ließ Wasser und andere Flüssigkeiten durch gläserne Rohre strömen. Der Strömung wurde mittels einer kleinen Düse ein Tintenfaden zugegeben. Bei laminarer Strömung zog die Tinte wie ein Strich mit der Strömung mit. Mit beginnender Turbulenz verwirbelte die Tinte, und der Faden löste sich schließlich vollständig auf. Durch Variation des Rohrdurchmessers, der Strömungsgeschwindigkeit und der Viskosität der Flüssigkeit gelangte er zu der für jede Strömung charakteristischen und später nach ihm benannten REYNOLDS-Kennzahl. Seine Original-Versuchsapparatur ist noch heute in der Universität von Manchester zu besichtigen.

[11] Die REYNOLDS-Zahl ist nicht die Einzige, die das kann. Es gibt eine ganze Anzahl sogenannter dimensionsloser Kennzahlen, die dergestalt aus Parametern gebildet werden, dass alle Eigenschaften eines Systems (Pumpen, Rohrströmung, chemische Reaktion, Wärmetransport, ...) mit einer einzigen dieser Kennzahlen beschrieben werden können und sich die Einheiten weggekürzt haben. Die zugrunde liegende Disziplin nennt sich Dimensionsanalyse.

A: „Wir haben da ein Problem bei unserem hinteren Rührkessel."

B: „Von welchem Bereich der REYNOLDS-Zahl reden wir denn hier?"

A: „ Wir fahren etwa bei Fünfundzwanzig- bis Dreißigtausend."

B: „Ah, o.k.!" [hat sofort voll ausgebildete Turbulenz in einem relativ großen Kessel vor Augen] „Und wo liegt das Problem?"

A: [...]

(Vom weiteren Verlauf des Gespräches ist nichts überliefert.)

Beim Rühren ist es also so, dass die Strömung im kleinen Becherglas und im großen Behälter von gleichem Charakter sein kann, wenn ich im kleinen Becherglas nur schnell genug rühre und ein möglichst dünnflüssiges (nierdrigviskoses) Fluid habe. Unterschiedliche Viskositäten bei ansonsten gleichen Gefäßen und Rührorganen kann ich beispielsweise durch verschiedenen Drehzahlen „ausgleichen". Kurz: Es kommt nur auf das *Verhältnis* von Behältergröße, Drehgeschwindigkeit und Viskosität an, nicht auf die Einzelwerte! Wie genau, und was die REYNOLDS-ZAHL uns dann über unser gerührtes System sagt, soll im Folgenden an einigen Beispielen erläutert werden.

Verwendet man die uns geläufige Viskosität η, so muss die Fluiddichte ϱ noch berücksichtigt werden (sonst kürzen sich die Einheiten nicht heraus[12]). Man erhält schließlich die Definition[13] der REYNOLDS-Zahl zu

$$Re \equiv \frac{w\,d\,\varrho}{\eta}\,.$$

[12]Man kann stattdessen auch gleich ν verwenden, wenn die Daten vorliegen, da beide Viskositäten ja gemäß $\eta = \varrho \cdot \nu$ miteinander verknüpft sind.

[13]In der Mathematik verwendet man für Definitionen anstelle des „normalen" Gleichheitszeichens eines mit drei Strichen. Es bedeutet „ist definiert als"

In gerührten Systemen verwendet man als Geschwindigkeit in der Regel diejenige, die an der Außenlinie des Rührers anliegt, die sogenannte Rührerspitzengeschwindigkeit. Diese ergibt sich aus der Rührerdrehzahl n und dem Rührerdurchmesser d. Damit lautet die Definition der REYNOLDS-Zahl für das Rühren[14]

$$Re \equiv \frac{n\,d^2\varrho}{\eta}\,.$$

Aus zahlreichen Experimenten, mathematischen Betrachtungen und (in jüngerer Zeit) Computersimulationen weiß man, dass in Rührgefäßen Turbulenz erst ab Werten der REYNOLDS-Zahl von 10.000 und höher auftritt[15].

Betrachten wir im Folgenden ein paar Beispiele:

- Wir rühren 1 Liter Wasser mit einem Propellerrührer, dessen Durchmesser ca. 4,5 cm beträgt, d. h. $d = 0,045\,\mathrm{m}$.

  Die Drehzahl beträgt 500 Umdrehungen pro Minute, das sind $n = 500\,\mathrm{min}^{-1}/(60\,s) = 8,33\,s^{-1}$.

[14] Will man die Rührerspitzengeschwindigkeit w_{tip} aus der Drehzahl n berechnen, taucht natürlich noch die Kreiszahl π gemäß

$$w_{\mathrm{tip}} = \pi\,n\,d$$

auf. Sie ist aber nicht in der Definition der REYNOLDS-Zahl enthalten, da sie ein reiner Zahlenwert ist. Kennzahlen werden immer nur aus physikalischen Variablen wie Geschwindigkeit, Druck, Leistung, Dichte oder Ähnlichem definiert. Dadurch ergeben sich zwangsläufig unterschiedliche Skalen, wenn ich z. B. die REYNOLDS-Zahl für Rührer mit der für die Rohrströmung vergleichen will. Deshalb muss man sich im Umgang mit Kennzahlen immer das betrachtete System und die zugehörigen Definitionen der Kennzahlen vergegenwärtigen!

[15] Diese und eigentlich überhaupt alle relevanten Informationen zum Thema *Rühren* kann man diesem Standardwerk entnehmen: Zlokarnik, M. Rührtechnik: Theorie und Praxis. Springer-Verlag Berlin, Heidelberg, New York (1999)

Die Viskosität von Wasser können wir den auf Seite 19 genannten Daten entnehmen. Sie beträgt $\eta = 1 \cdot 10^{-3}\,\mathrm{Pa\,s}$.

Für die Dichte von Wasser setzen wir $\varrho = 1000\,\mathrm{kg/m^3}$ ein.

Wenn wir nun noch die Einheit *Pascal* (Pa) auf die Grundeinheiten zurückführen und durch $(\mathrm{kg\,m})/\mathrm{s}^2$ ersetzen, sieht man, dass sich tatsächlich alle Einheiten wegkürzen.

Schließlich ergibt sich die REYNOLDS-Zahl zu

$$\begin{aligned} Re &= \frac{8,33\frac{1}{\mathrm{s}} \cdot (0,045\,\mathrm{m})^2 \cdot 1000\,\frac{\mathrm{kg}}{\mathrm{m}^3}}{1 \cdot 10^{-3}\,\frac{\mathrm{N}}{\mathrm{m}^2}\mathrm{s}} \\ &\approx 16.900 \end{aligned}$$

- Erhöhen wir die Drehzahl auf 2000 Umdrehungen pro Minute (das sind $n = 33,33\,\mathrm{s}^{-1}$, also eine Vervierfachung), ergibt sich auch eine vier Mal so hohe REYNOLDS-Zahl:

$$\begin{aligned} Re &= \frac{33,33\frac{1}{\mathrm{s}} \cdot (0,045\,\mathrm{m})^2 \cdot 1000\,\frac{\mathrm{kg}}{\mathrm{m}^3}}{1 \cdot 10^{-3}\,\frac{\mathrm{N}}{\mathrm{m}^2}\mathrm{s}} \\ &\approx 67.500 \end{aligned}$$

- Dieselbe Rechnung, aber mit Olivenöl statt Wasser:

  Die Dichte beträgt $900\,\mathrm{kg/m^3}$, und die Viskosität ist rund hundert Mal höher als die von Wasser.

  Der Rührer soll der gleiche sein wie zuvor und sich wie im ersten Beispiel mit 500 min^{-1} drehen.

  Dann erhalten wir jetzt folgenden Wert der REYNOLDS-Zahl:

$$\begin{aligned} Re &= \frac{8,33\frac{1}{\mathrm{s}} \cdot (0,045\,\mathrm{m})^2 \cdot 900\,\frac{\mathrm{kg}}{\mathrm{m}^3}}{100 \cdot 10^{-3}\,\frac{\mathrm{N}}{\mathrm{m}^2}\mathrm{s}} \\ &\approx 152 \end{aligned}$$

- Wenn wir eine kleine Menge Olivenöl in einem kleinen Becherglas mit einem Pürierstab bearbeiten — sagen wir, er hätte 2 cm Durchmesser und läuft 30.000 min^{-1} (das sind 500 s^{-1}) — so liegt unsere REYNOLDS-Zahl in diesem Fall bei:

$$\begin{aligned} Re &= \frac{500\,\frac{1}{\text{s}} \cdot (0,02\,\text{m})^2 \cdot 900\,\frac{\text{kg}}{\text{m}^3}}{100 \cdot 10^{-3}\,\frac{\text{N}}{\text{m}^2}\text{s}} \\ &= 1800 \end{aligned}$$

Tipp: Versuche mal, für deine Rührexperimente mit deinen Geräten (Rührerdurchmesser, Drehzahlen) einige „persönliche“ REYNOLDS-Zahlen zu bestimmen!

Diskutiere Fragen wie diese: Wie ändert sich die REYNOLDS-Zahl, wenn das anfangs heiße Öl eine niedrige Viskosität hat, beim Abkühlen aber zähflüssiger wird? Welche REYNOLDS-Zahl liegt beim Kaltrühren einer Creme vor?

Eine kleine Hilfestellung zu den Einheiten: Beachte, dass bei der Viskosität 1 mPas $= 0,001\,\text{Pas}$ und 1 $\text{min}^{-1} = 1/60\,\text{s}^{-1}$ sind! Dann geht's auf ☺. Noch 'ne Hilfestellung: Wenn du die Dichte nicht kennst, nimm die von Wasser: $\varrho_{\text{H}_2\text{O}} = 1000\,\text{kg}/\text{m}^3$!

Wenn wir die Zahlenbeispiele betrachten, sehen wir, dass wir nur in Ausnahmefällen mit solchen Systemen arbeiten, in denen Turbulenz auftritt (von den genannten Beispielen erfüllten nur die beiden ersten mit Wasser als Rührgut die Bedingung $Re > 10.000$).

Im ersten Moment des Selbstrührens einer Creme oder Lotion, wenn die beiden heißen Phasen aufeinandertreffen, die Menge nicht zu klein, der Rührer nicht zu winzig und die Drehzahl möglichst hoch ist, mag noch eine turbulente Strömung vorherrschen. Je weiter die Emulsionsbildung voranschreitet, umso mehr steigt die Viskosität unserer Emulsion an, und wir werden uns schließlich im Bereich rein laminarer Strömung befinden.

Das heißt: Da, wo es besonders drauf ankommt, nämlich beim Zerteilen kleiner Tröpfchen in möglichst noch kleinere (vgl. hierzu auch die Abb. 3.5), wird uns die Turbulenz im Allgemeinen nicht als „Servicekraft" zur Verfügung stehen.

Ende des Exkurses ☺

Kommen wir nun wieder auf den schrittweisen Vorgang der Tröpfchenbildung zurück. Ist der Tropfen deformiert, so soll er schließlich so weit gedehnt werden, dass er — anstatt in seine Ursprungsform zurückzugehen — in kleinere Tröpfchen zerteilt wird. Hierbei muss gegen die Oberflächenspannung gearbeitet werden: Sie ist eine Erscheinung molekularer Kräfte, die stets nach der kleinsten möglichen Oberfläche streben. Dies ist bei gegebenem Volumen immer die Kugelform, so dass sich auch ein zu einem Schlauch verformter Tropfen, wie er in den obigen Abbildungen zu sehen war, am liebsten wieder in die Kugelform zurückziehen will.

Wenn ausreichend intensiv eine oder mehrere der eben erläuterten Ereignisse — Scherung, Hindernisse in der Strömung und/oder Turbulenz — auf den „Schlauchtropfen" einwirken, wird schließlich die Grenzfläche aufreißen. Die „Oberflächenfetzen" des ursprünglichen Tropfens ballen sich nun sofort wieder zu Kugeln zusammen, so dass wir unser auf Seite 67 definiertes Schema abgearbeitet und unser Ziel erreicht haben: Aus einem Tropfen sind mehrere kleinere geworden!

Wovon *genau* hängt es nun ab, ob die Tröpfchen der dispersen Phase klein genug und ob sie wünschenswerter Weise möglichst von gleicher Größe (bzw. „Kleine") sind (man spricht dann von einem engen Größenspektrum)? Das Zauberwort hierzu heißt „lokaler volumenspezifischer Leistungseintrag"! Er ist viel anschaulicher, als er sich anhört ☺ und wir werden ihn gleich kennenlernen: Er bestimmt entscheidend, mit welchem Rührwerkzeug wir welche Emulgieraufgabe lösen können.

4.3 Auf die Drehzahl kommt es an — oder doch nicht?

Wir beginnen mal mit einer Schätzfrage — *schätzen*, nicht *rechnen*, es geht hier ums Gefühl!

> **Frage (8)**: Ein ULTRA-TURRAX®, dessen Rotor (Rührorgan) einen Durchmesser von $d = 8$ mm hat, wird mit einer Drehzahl von $n = 10.000\,\text{min}^{-1}$ betrieben. Dadurch liegt am Rotor eine Umfangsgeschwindigkeit von rund 4,2 m/s vor (das sind etwa 15 km/h).
>
> Ein 6-Blatt-Scheibenrührer mit einem Durchmesser von 5 cm wird nun mit einer Drehzahl von $1.600\,\text{min}^{-1}$ betrieben.
>
> Wie hoch ist die Umfangsgeschwindigkeit an den Spitzen der Rührerblätter verglichen mit der am Rotor?

Eine kleine Episode aus der Praxis: Ich hatte in meinem beruflichen Leben viel mit Rührern zu tun und habe auch selber Rühranlagen ausgelegt, allerdings — im Vergleich zum Cremerühren — in etwas größeren Maßstäben (Technikum bis kleiner Produktionsmaßstab, also einige hundert Liter bis 1 oder 2 Kubikmeter, auch $5\,\text{m}^3$ waren mal dabei). Der größte Rührkessel, den ich selber leibhaftig gesehen habe, hatte ein Volumen von $2000\,\text{m}^3$ (2 Millionen Liter), da muss man schon den Kopf in den Nacken werfen, wenn man davorsteht und das Rührwerk oben drauf sehen will!

Der Begriff „hochtourig", der gerne bei der Verwendung von kleinen (Hand-)Rührgeräten zur Cremeherstellung benutzt wird, ist hier in einem ganz anderen Kontext zu sehen ... Wenn dieser Rührkessel ca. 10 m

Durchmesser hatte bei ca. 25 m Höhe, dann war da vermutlich ein zweistufiger Blattrührer eingebaut mit einem Durchmesser von vielleicht 4 m. Bei der Drehzahl schätze ich mal, dass die nicht wesentlich höher als 60 pro Minute lag. Klingt im Vergleich mit einem Zauberstab in der heimischen Küche oder gar einem ULTRA-TURRAX® zunächst mal nach nichts. Bei 4 m Durchmesser beträgt der Umfang des Rührers rund 12,5 m. Diese Strecke wird jetzt im Betrieb bei der angenommenen Drehzahl also 60 Mal pro Minute oder 3600 Mal pro Stunde von den Rührerblattspitzen überstrichen. Das macht (wenn man jetzt sozusagen auf einem Rührerblatt draufsitzen und mitfahren würde) pro Stunde eine zurückgelegte Strecke von 12,5 m × 3600 = 45 km, mit anderen Worten: Der Rührer saust mit einer Geschwindigkeit von 45 km/h durch das Medium (man stelle sich das auf einem Motorboot vor ... das *ist* hochtourig!). In dem besagten Rührkessel wurden übrigens Aminosäuren mittels Hefen hergestellt, wenn ich mich richtig erinnere.

Jetzt wurde dieser riesige Rührkessel zwar nicht zum Emulgieren verwendet, aber es ist einleuchtend, dass all die großen Kosmetikfirmen ihre Produkte ebenfalls im großindustriellen Maßstab erzeugen.[16] Das bedeutet, dass offenbar das Emulgieren auch mit Drehzahlen „funktioniert“, die uns auf den ersten Blick viel zu niedrig erscheinen mögen.

Im vorangegangenen Abschnitt haben wir etwas über Scherung und Tropfendeformation erfahren, die Teile des Vorgangs der Tröpfchenerzeugung sind. Offenbar laufen diese Vorgänge im (mikroskopisch) Kleinen ab, sind uns also durch bloßes Draufschauen nicht zugänglich. Wie

[16] Viele Firmen haben sich auf Lohnfertigung von kosmetischen Produkten spezialisiert, d. h. sie stellen keine eigenen Marken her, sondern produzieren für Drogerieketten, Hotels, Kosmetikinstitute und Ähnliches. Sie bieten Kapazitäten in der Größenordnung von ca. 100 kg bis 5 Tonnen je Charge an, vereinzelt auch mehr. Die Firma Beiersdorf, einer der Top Ten der Kosmetikproduzenten weltweit, stellt in ihrem Berliner Produktionswerk täglich (!) rund 1 Million Flaschen Duschgel, Shampoo und Spülungen her, was in etwa einer Produktionsmenge von 200 Tonnen am Tag entspricht. Man kann davon ausgehen, dass dort einige recht große Rührkessel im Einsatz sind ☺.

können wir erkennen — und natürlich am besten, *bevor* wir eine Cremeherstellung starten — ob diese Vorgänge gut gelingen und am Ende eine stabile, haptisch angenehme Emulsion entsteht? Wir suchen also eine Stellgröße, die wir nach unseren Wünschen variieren können und die uns eine „Gelinggarantie“ gibt. Die Drehzahl alleine, das sollte obige kleine Anekdote aus meinem „Rührerleben“ zeigen, ist es nicht. Welche dann? Die Antwort bringt uns der nächste Abschnitt!

4.3.1 Power to the Pott: der volumenspezifische Leistungseintrag

Wir müssen beim Emulgieren Energie eintragen, um einerseits die disperse Phase in kleine Tröpfchen zu „zerreißen“ (bei O/W also die Fettphase), andererseits brauchen wir eine gute Durchmischung, damit die oberflächenaktiven Substanzen (Emulgatoren) sich so um die Tröpfchen legen können, dass ein Wiederzusammenfließen der Tröpfchen verhindert wird.

Bleiben wir zunächst beim Energieeintrag. Hier erstmal ein kleines ingenieurwissenschaftliches Poem[17] zur Begriffsklarheit:

Kraft ist Masse mal Beschleunigung

Arbeit ist Kraft mal Weg

(Dreh-) Moment ist Kraft mal Hebelarm

Energie ist die Fähigkeit, Arbeit zu verrichten

Leistung ist Arbeit pro Zeit

[17] Gehört für mich neben dem Satz von Pythagoras und den Binomischen Formeln zu den wenigen Dingen, von denen ich behaupte, dass man sie im Leben wirklich wissen muss ☺

Ein Rührer braucht Strom, um angetrieben zu werden, und zwar umso mehr, je höher seine Leistung ist. Von Verlusten in Motor und Getriebe mal abgesehen, wird diese Leistung in das Rührgut eingetragen und setzt es — dabei den Widerstand durch die innere Reibung (Viskosität!) überwindend — in Bewegung. Je zäher das Rührgut ist (je höher seine Viskosität), desto mehr Leistung muss ich aufwenden. Natürlich brauche ich zum schnelleren Rühren ebenfalls mehr Leistung. Aber auch die Form des Rührers und seine Performance spielen eine Rolle, man kann das mit Leuchtmitteln vergleichen: Während eine 20-Watt-Glühlampe mit herkömmlichem Glühfaden recht „funzeliges" Licht spendet, ist eine moderne LED-Lampe bei gleicher Leistung (gleicher Watt-Zahl) gleißend hell!

Schauen wir uns ein Beispiel an: Wir betrachten den Moment, wo wir in die vorgelegte heiße Fettphase die ebenfalls auf ca. 70 °C erwärmte wässrige Phase geben und mit einem Rührer zügig mit 2000 Umdrehungen pro Minute emulgieren. Die Viskosität möge dann aufgrund der noch hohen Temperatur bei ca. 10 mPa s liegen. Das Ganze findet in einem (sehr) großen Becherglas statt, das Volumen der Lotion betrage 2 Liter und wir setzen einmal einen 6-Blatt-Scheibenrührer ein und ein anderes Mal einen Propellerrührer, beide haben einen Durchmesser von 4 cm. Wir berechnen nun zunächst die REYNOLDS-Zahl (wer den „Exkurs" weiter oben verfolgt hat, kennt sich aus, alle anderen: Bitte einfach die Zahl als solche zur Kenntnis nehmen ☺) und erhalten für beide Rührertypen

$$\begin{aligned} Re &= \frac{33,3\,\frac{1}{\mathrm{s}} \cdot (0,04\,\mathrm{m})^2 \cdot 1000\,\frac{\mathrm{kg}}{\mathrm{m}^3}}{10 \cdot 10^{-3}\,\frac{\mathrm{N}}{\mathrm{m}^2}\mathrm{s}} \\ &\approx 5000 \end{aligned}$$

Mit diesem Wert der REYNOLDS-Zahl gehen wir nun in ein sogenanntes Leistungsdiagramm. Dort können wir die Leistung ermitteln, die für diesen Fall vom Rührer abgegeben und in die Flüssigkeit eingetragen wird und die uns dort für unsere Emulgieraufgabe zur Verfügung steht.

Die Leistung ist in solchen Diagrammen[18] ebenfalls (wie die REYNOLDS-Zahl) zu einer Kenngröße gebündelt, die hier NEWTON-Zahl (*Ne*) heißt. Man kann sagen: Die Newton-Zahl ist ein Maß für die Rührerleistung; daher auch der Begriff „Leistungsdiagramm". Sie ist mittels der Leistung P (von engl. *power*) und den uns bereits bekannten Größen Fluiddichte ϱ, Drehzahl n und Rührerdurchmesser d wie folgt definiert:

$$Ne \equiv \frac{P}{\varrho\, n^3\, d^5}$$

Ich gehe also in ein Leistungsdiagramm und lese dort für $Re = 5000$ die Werte $Ne = 5$ für den Scheiben- und $Ne = 0,4$ für den Propellerrührer ab. Damit kann ich die Leistung P in Watt [W] ausrechnen, indem ich obige Definitionsgleichung nach P auflöse und dabei nacheinander für beide Rührer die abgelesenen *Ne*-Werte einsetze. Ich erhalte:[19]

$$\begin{aligned} P_{6Blatt} &\approx 20\,\mathrm{W} \text{ und} \\ P_{Prop} &\approx 1,5\,\mathrm{W} \end{aligned}$$

[18]Solche Leistungsdiagramme stehen heute für alle denkbaren Rührertypen zur Verfügung und gelten dank der Verwendung dimensionsloser Kennzahlen für einen Bereich von sehr niedrig- bis hin zu extrem hochviskosen Fluiden und für laminare und turbulente Strömungen in winzigen bis hin zu gigantisch großen Rührkesseln. Mit Kenntnis der eigenen Werte (Viskosität, Dichte, Drehzahl, Rührerdurchmesser) lässt sich in wenigen Schritten die Leistung P ermitteln.

Man kann daraus aber auch z. B. die maximale Drehzahl, die ein Rührer für eine bestimmte Rühraufgabe aufgrund seiner Leistung noch „schafft", ermitteln. Eine Google-Bildersuche zum Stichwort „Leistungscharakteristik verschiedener Rührer" liefert Beispieldiagramme in erschöpfender Anzahl.

[19]Rechenweg: $Ne_{6Blatt} = 5 = \frac{P}{\varrho\, n^3\, d^5}$. Umstellen nach P und Einsetzen der Zahlenwerte liefert nun: $P_{6Blatt} = 5 \cdot 1000 \frac{\mathrm{kg}}{\mathrm{m}^3} \cdot \left(33,3\,\mathrm{s}^{-1}\right)^3 \cdot (0,04\,\mathrm{m})^5$. Mit Kenntnis der Einheit W („Watt") als $\frac{\mathrm{kg\,m}^2}{\mathrm{s}^3}$ erhalten wir schließlich den gesuchten Wert für die Rührerleistung, nämlich $P_{6Blatt} = 18,96\,\mathrm{W}$.

Für den Propellerrührer ist die Berechnung entsprechend mit den anderen Zahlenwerten durchzuführen.

Was sagt uns das jetzt? Nun, zunächst ist der Propellerrührer offenbar der energiesparendere! Allerdings ist der Energieverbrauch (ich erinnere an mein Poem von oben: Den Energieverbrauch erhalte ich, indem ich den Watt-Wert für die Leistung meines Gerätes mit der Zeit der Benutzung multipliziere) bei beiden sehr gering — etwa vergleichbar mit dem Betrieb sparsamer LED-Lampen.

Das ist zwar sehr schön, aber wir brauchen ja die Energie, um die Phasengrenzfläche zu vergößern, sonst bekommen wir nicht die gewünscht kleinen Tröpfchen für eine haptisch angenehme, stabile Emulsion. Wir wollen einen *hohen Leistungseintrag*! Ein Blick auf die Werte zeigt uns also, dass der Propellerrührer zum Emulgieren nicht die erste Wahl ist. Die Sache wird noch schlimmer:

Die entscheidende Größe ist gar nicht die *Leistung* in absoluten Zahlen, sondern der *volumenspezifische Leistungseintrag* P/V. Er ist eine relative Größe, die ich erhalte, wenn ich die Leistung P auf das Flüssigkeitsvolumen V beziehe. Dadurch, dass das jeweilige Flüssigkeitsvolumen also immer die Bezugsgröße darstellt, kann ich auf diese Weise Systeme unabhängig von ihrer Größe miteinander vergleichen, denn ich betrachte die eingebrachte Leistung *pro Volumeneinheit*!

In unserem Beispiel betrug das Volumen der Lotion in beiden Fällen 2 Liter, so dass wir

$$\begin{aligned} (P/V)_{6Blatt} &= 10\,\mathrm{kW/m^3} \text{ und} \\ (P/V)_{Prop} &= 0,75\,\mathrm{kW/m^3} \end{aligned}$$

erhalten[20].

„Schlimm" ist nun aber gar nicht dieser niedrige Wert für den Propellerrüher alleine, sondern die Tatsache, wie der volumenspezifische Leis-

[20]Rechenweg: $20\,\mathrm{W}/2\,\mathrm{L} = 10\ \mathrm{W/L} = 10\ \mathrm{kW/m^3}$, für den Propellerrührer entsprechend. Hinweis: Ein Kilowatt pro Kubikmeter ($1\ \mathrm{kW/m^3}$) ist das Gleiche wie ein Watt pro Liter ($1\mathrm{W/L}$)!

tungseintrag im Rührgefäß *verteilt* ist. Gucken wir dazu auf die Abbildung 4.9, dort sind Verteilungen des volumenspezifischen Leistungseintrages im Querschnitt eines „halbierten" Rührgefäßes dargestellt, und zwar sowohl für den 6-Blatt-Scheiben- (links) wie auch für den Propellerrührer (rechts).

Blicken wir kurz auf den farbigen Skalenstreifen links im Bild: Der *durchschnittliche* Wert wird durch das mittlere Grün (neben der 1) dargestellt und beschreibt in unserem Fall ein P/V von 10 kW/m^3 für den Scheiben- und 0,75 kW/m^3 für den Propellerrührer (das waren die Werte, die wir in unserem Beispiel ermittelt hatten, s. o.). In beiden Fällen treffen wir diesen Durchschnittswert im Bereich um die bzw. etwas unterhalb der Rührerebene an. Je blauer die Fläche eingefärbt ist, umso geringer ist der Leistungseintrag. In der Nähe der Flüssigkeitsoberfläche lassen sich weniger als 20 % des durchschnittlichen Leistungseintrages messen.

„Wärmere" Flächen (gelb bis rot) zeigen Bereiche intensiven Leistungseintrags. So finden wir unmittelbar an den Spitzen des 6-Blatt-Scheibenrührers (linkes Bild) die bis zu 30-fache Intensität des Energieeintrages vor! Beim Propellerrührer, rechtes Bild, sehen wir jedoch, dass er auch in der Nähe des Propellers nur bis zu hellgrün/gelben Skalenwerten kommt. Dies entspricht nur dem maximal Fünffachen des mittleren volumenbezogenen Leistunsgeintrages P/V.

Nun erinnern wir uns, dass beim Propellerrührer bei gleicher Drehzahl, gleicher Größe (Durchmesser) und gleicher Flüssigkeit schon viel weniger Leistung in absoluten Zahlen zur Verfügung stand, die in das Rührgut eingebracht werden konnte. Diese geringe Leistung ist nun auch noch recht gleichmäßig im Fluid verteilt — offenbar ist der Propeller kein guter Emulgier-Rührer!

---

[21]nach: Geisler. R. K.: Fluiddynamik und Leistungseintrag in turbulent gerührten Suspensionen. Diss. TU München (1991)

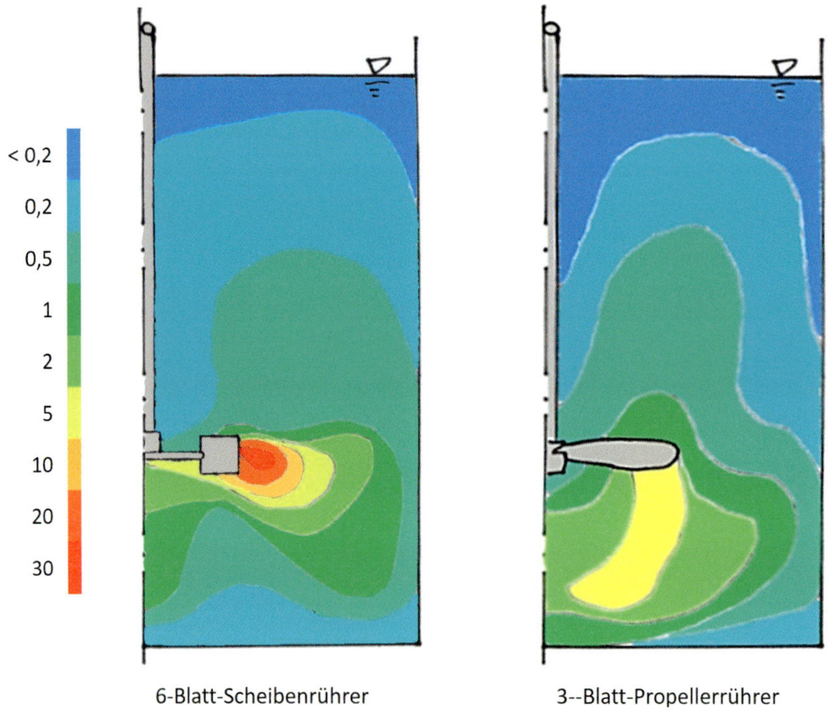

Abbildung 4.9: *Normierte lokale Verteilung des volumenspezifischen Leistungseintrages P/V in zwei Rührgefäßen mit unterschiedlichen Rührertypen; links: Radialrührer, rechts: Axialrührer.*[21] *Flächen mit mittelgrüner, dem Skalenwert „1" entsprechender Färbung stellen Bereiche dar, in denen der lokale Leistungseintrag gerade genau dem mittleren entspricht.*

Der Scheibenrührer hingegen bringt zum einen insgesamt mehr Leistung ein und hat dann noch in unmittelbarer Nähe zum Rührorgan einen Bereich mit sehr hohem lokalen Leistungseintrag. In diesem Bereich, den man sich in etwa wie eine Ringwulst um die Rührerspitzen herum vorstellen kann, steht ausreichend viel Energie für die Erzeugung vieler sehr kleiner Tropfen (d. h. großer Phasengrenzfläche) zur Verfügung und ich erhalte stabile, haptisch angenehme Lotions und Cremes.[22] Voraussetzung ist allerdings, dass ich geduldig genug bin, bis der gesamte Inhalt in meinem Becherglas oder Rührgefäß oft genug in diesen energieintensiven Bereich gelangt ist. Wie die Abb. 4.9 ja sehr anschaulich zeigt, passiert an der Flüssigkeitsoberfläche sowie auch in Wandnähe und längs der Rührerwelle herzlich wenig!

Andere Rührertypen, die — aus Sicht des Emulgierens im positiven Sinne — ein extrem unausgeglichenes Feld des Leistungseintrags zeigen, sind solche, die nach dem Rotor/Stator-Prinzip arbeiten. Wir lernen sie gleich kennen, sie sind aber schon in die folgende Übersicht in Tabelle 4.1 aufgenommen. Sie stellt die uns bereits bekannten Radial-, Axial- und Tangentialrührer sowie nach dem Rotor/Stator-Prinzip arbeitende Rührorgane hinsichtlich ihrer Performance einander gegenüber.

Zum Emulgieren brauchen wir hohe Scherkräfte — lokal möglichst große verfügbare Mengen an Energie — bei gleichzeitig guter Durchmischung, damit stets die Emulgatormoleküle bereitstehen, um frisch gebildete Phasengrenzflächen zu benetzen. Ein *gleichmäßiger* Leistungseintrag stünde für eine sehr schonende Behandlung des Rührgutes, während das Attribut „zwangsfördernd“ für Brauchbarkeit im Umgang mit

[22] Wenn wir uns vorstellen, wir würden Tausende kleiner 2-Liter-Rührgefäße auf einmal betreiben wollen, so erhöht sich die Attraktivität des Propellerrührers natürlich deutlich: Weniger Leistung heißt eben auch weniger Energieverbrauch, was bei den heutigen Energiepreisen für Unternehmen existenzentscheidend sein kann! In der Praxis wird man bei der Rührerauslegung daher immer nach einem Optimum hinsichtlich Performance und Betriebskosten suchen (müssen).

	intensive Durchmischung	hohe Scherkräfte	gleichmäßiger Leistungseintrag	Zwangsförderung
Radialrührer	++	++	○	−
Axialrührer	+	+	+	−
Tangentialrührer	○	−	+	++
Rotor/Stator	○	+++	−	−

Tabelle 4.1: *Übersicht: Performance verschiedener Rührertypen*

Pasten und feststoffhaltigen Mischungen spricht. Beides ist für das Emulgieren von Cremes und Lotions in der Regel eher zweitrangig.

Wir sehen, dass es den Rührer vom Typ „eierlegende Wollmilchsau" nicht gibt; unsere Aufgabe wird in aller Regel jedoch von einem Radialrührer gut erfüllt (besonders, wenn er vom Typ „Dissolver" ist, dazu gleich mehr). Ob man lieber auf einen Pürierstab, der das Rotor/Stator-Prinzip verkörpert, zurückgreifen will, ist eher eine „Geschmacksfrage" und ergibt sich nicht zuletzt oft dadurch, dass Pürierstäbe für Einsteiger preislich äußerst attraktiv sind.

Die Tabelle 4.2 gibt uns abschließend noch eine Übersicht über typischerweise bei Rühraufgaben anzutreffende Werte für den volumenspezifischen Leistungseintrag P/V.[23]Je größer der Leistungseintrag, desto schneller und besser lässt sich eine Emulsion bilden, wobei leichtes Emulgieren schon bei Werten für P/V von unter 0,1 kW/m³ gelingt.

Der Propellerrührer liegt mit seinen 0,75 kW/m³ — diese hatten wir zuvor anhand der REYNOLDS-Zahl und eines Leistungsdiagrammes

[23]Angaben nach Schulungsunterlagen der Siemens EC, Process Research & Design: „Misch-und Rührtechnik", Frankfurt am Main (2017) sowie aus einer Unternehmensbroschüre der Fa. ibW Rührwerke GmbH, Althengstett (2019).

P/V in kW/m^3	Aufgabe	üblicher Rührertyp
0,005–0,01	sanfte Bewegung, z. B. Umrühren großer Lagerbehälter	Propellerrührer
bis 0,1	Homogenisieren, Mischen flüssiger Komponenten, leichtes Emulgieren	Propellerrührer, Scheibenrührer
bis 1,5	intensive Bewegung und Vermischung, gutes Emulgieren und Suspendieren, Verarbeiten hochviskoser Flüssigkeiten	Scheibenrührer, Dissolver, mehrstufige Rührer
ca. 4	Begasungsaufgaben, sehr gutes Emulgieren	Scheibenrührer, Dissolver
über 10	sehr gutes Emulgieren, gutes Homogenisieren hochviskoser Fluide	spezielle Hochleistungsrührer

Tabelle 4.2: *Typische Werte des volumenspezifischen Leistungseintrags P/V für verschiedene Rühraufgaben*

ermittelt, s. S. 84 — zwar schon im Bereich leichten Emulgierens, wird aber üblicherweise aufgrund seiner „milden“ Performance — wir denken an Abb. 4.9 — technisch eher nicht für Emulgieraufgaben eingesetzt. Der Scheibenrührer mit einem ermittelten Leistungseintrag von 10 kW/m^3 bietet hingegen beste Bedingungen für sehr gutes Emulgieren, auch in höherviskosen Flüssigkeiten.

> **Frage zum Selbsttest (9)**: Wofür genau nochmal brauche ich beim Emulgieren die viele Energie, die ich mittels Rühren in mein Rührgut einbringe?

4.4 Die Emulgierspezialisten: Dissolver und Rotor/Stator

Schauen wir uns nun zwei ausgewiesene Emulgierspezialisten an: den Dissolver, der eigentlich „nur“ eine Variante eines „normalen“ Radialrührers ist, sowie Rotor/Stator-Systeme, die neben dem Emulgieren vor allem im biotechnologischen Bereich zum Aufschluss und zum Homogenisieren von Zellmaterial eingesetzt werden.

4.4.1 Der Dissolver

Der Dissolver[24] gehört zu den Radialrührern und besteht aus einer Scheibe bzw. einem Teller, an dessen Rand abwechselnd nach oben und unten gebogene „Zähne“ sitzen, einem Kreissägenblatt nicht ganz unähnlich. Drei Beispiele sind in Abbildung 4.10 zu sehen.

Durch die typische Form der Sekundärströmung in Form zweier Ringwirbel ober- und unterhalb der Rührerebene, wie sie für Radialrührer typisch ist (vergleiche Abb. 4.3), wird das Fluid stetig in die Ebene des Tellers geführt. Von dort strömt es nach außen durch den gezackten Rand, an dem sich im schnellen Wechsel nach oben und nach unten gebogene Zacken abwechseln: je höher die Drehzahl, desto schneller der Wechsel. Dadurch herrschen besonders gute Verhältnisse für die Tropfendeformation und damit letztlich für die Bildung feinster Tröpfchen vor.

Wir können also festhalten, dass sich der Dissolver hervorragend zum Emulgieren eignet! Gleichzeitig verfügt er über die radialrührertypische

[24] von engl. *to dissolve* für lösen, auflösen

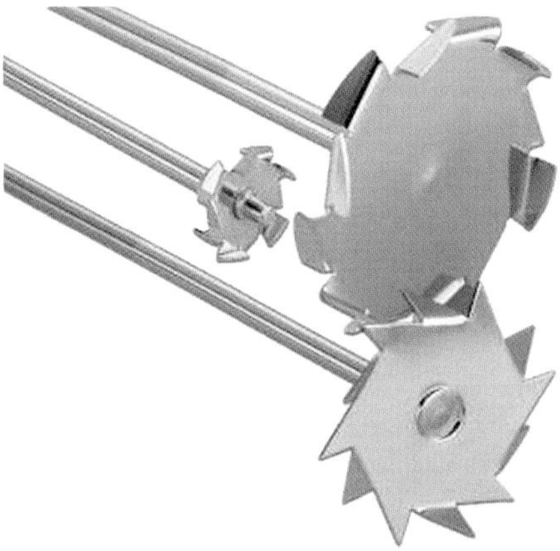

Abbildung 4.10: *Dissolver-Rührer mit unterschiedlicher Zahnung. Die Rührer haben Durchmesser von 42, 50 bzw. 100 mm. [Foto: IKA®-Werke GmbH & CO. KG]*

gute Mischwirkung. Dadurch kann sichergestellt werden, dass die emulgierende Komponente gleichmäßig verteilt und stets in ausreichender Konzentration[25] vorhanden ist. Nur so kann sie rechtzeitig eine neu gebildete Phasengrenzfläche benetzen und Koagulation von Tröpfchen verhindern.

Bei hochviskosen Fluiden ist die Wirkung eines Dissolvers dann am besten (heißt: das ist seine optimale Umdrehungszahl), wenn sich der obere Ringwirbel zu einem sogannten Torus oder anschaulicher zu einem „Donut“ ausbildet.

Die Abbildung 4.11 zeigt diesen Effekt sehr anschaulich beim Rühren von stark pigmenthaltiger Siebdruckfarbe. Teile der Dissolverscheibe liegen dann sogar frei, wobei durch die hohe Fluidviskosität (z. B. durch einen hohen Feststoffanteil verursacht wie beim Verarbeiten von festen Dusch- oder Shampoo-Bars oder bei Rezepturen mit Ton- und Heilerden für Gesichtsmasken) dennoch das Lufteinziehen mit Blasenbildung

[25]Ob die Emulgatormenge insgesamt in genügender Konzentration vorliegt, ist natürlich zuallererst eine Frage der passenden Rezeptur.

Abbildung 4.11: *Donut-Effekt beim Rühren von stark pigmenthaltiger Druckfarbe mit einem Dissolver. [Foto: VMA-Getzmann GmbH]*

verhindert wird. Bei „normal dünnen" Fluiden käme es ansonsten bei diesen Drehzahlen zum allseits unbeliebten „Lufteinschlürpen", für Abhilfe siehe hierzu später in Kapitel 6.3.1.

Dissolver mit einem Rührorgan aus lebensmittelechtem Kunststoff oder aus Edelstahl findet man zum Beispiel im Imker-Bedarf oder im Werkzeug-Handel, so wie meinen „am-meisten-Rührer" in Abbildung 4.12. Ich habe ihn auch noch in einer kleineren Ausführung mit ca. 4,5 cm Gesamtdurchmesser und verwende beide je nach Gefäßgröße. Er ist sehr gut für Cremes und Lotions geeignet und leistet auch noch akzeptabel gut Knetarbeiten in Rezepturen mit hohem Feststoffanteil — ein echter Allrounder!

4.4.2 Rotor/Stator-Systeme

Der Begriff „Rotor/Stator" (mit Binde- oder mit Schrägstrich) besagt zunächst einmal, dass etwas Drehendes (Rotor) mit etwas Feststehendem (Stator) ein System bildet. Im weitesten Sinne kann man also auch Becherglas und Milchaufschäumer oder jeden industriellen Rührkessel mit Rühorgan als ein Rotor/Stator-System bezeichnen — Gehäuse ist fest, Rührer dreht sich ☺.

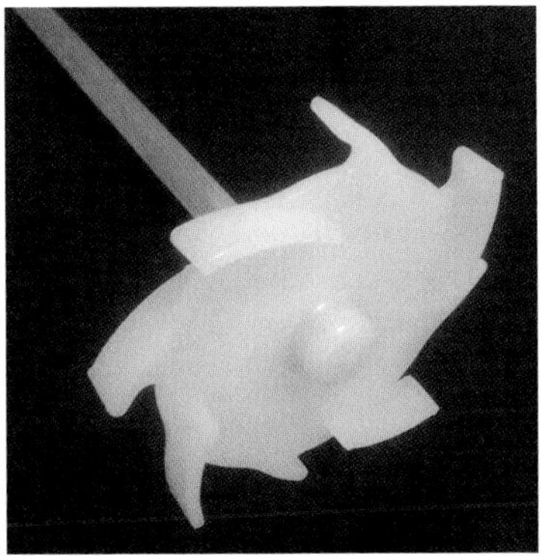

Abbildung 4.12: *Ich rühre gerne und viel mit diesem Rührer aus Polyamid PA6 (Rührerwelle aus Edelstahl). Der Teller hat einen Durchmesser von ca. 5,7 cm, mit „Zähnen“ ca. 7,5 cm.*

Im engeren Sinne meint Rotor/Stator-System einen Apparat, wie ihn ein handelsüblicher Pürierstab aus der Küche darstellt: Das Gehäuse des Pürierstabes weitet sich am Ende zu einer Art geschlitzter Glocke auf. Schaut man von unten in diese Glocke, sieht man die im Gehäuseschaft drehbare Welle, an deren Ende ein Messer oder eine Schlagscheibe sitzt. Bei professionellen Laborgeräten befindet sich hier in der Regel eine Art „Krone“ aus Schneiden. Dieses innere Element rotiert und übernimmt die Funktion des Rührorgans, wobei es von der Glocke umschlossen wird.

Im Betrieb wird Flüssigkeit von unten angesaugt, vom rotierenden Messer, der Scheibe oder den Schneiden radial auswärts beschleunigt und dann durch die in die Glocke eingebrachten Schlitze gedrückt. Der innere, bewegliche Teil mit dem Rührorgan ist der Rotor, die Glocke stellt den Stator dar.

Ein Pürierstab entfaltet also ein Strömungsfeld ganz ähnlich dem des Radialrührers, wie wir es oben bereits ausführlich kennengelernt haben (vgl. Abb. 4.3). Durch die Abschirmung der Glocke dominiert hierbei der untere Ringwirbel deutlich, und die Strömung außerhalb der Glocke ist insgesamt recht energiearm (die Energie wurde beim „Durchquetschen“ durch die Schlitze aufgezehrt; zu den sich daraus ergebenden Schwächen von Rotor/Stator-Systemen siehe weiter unten).

Der rotierende Aufsatz ist von viel kleinerem Durchmesser, als wir es z. B. von Propellerrührern oder Dissolvern kennen. Rotoren mit weniger als 1 cm Durchmesser sind durchaus üblich. Dafür ist die Drehzahl mit bis zu mehreren zehntausend Umdrehungen pro Minute erheblich höher, so dass letztlich trotz des kleinen Durchmessers hohe Rührerumfangsgeschwindigkeiten erzeugt werden.

Die Wirkungsweise von Rotor/Stator-Systemen beruht nun darauf, dass durch die stehende Einhausung (den Stator) das Wirkvolumen effektiv verkleinert wird.

Oben wurde erläutert, dass die alles entscheidende Größe für gutes Emulgieren der volumenspezifische Leistungseintrag P/V ist. Dieser ist entweder dann sehr groß, wenn ich sehr viel Leistung P eintrage oder — na klar! — wenn ich das Volumen V sehr klein halte, wie es der Rotor/Stator durch seine „Glocke" macht. Mit Pürierstab & Co. lässt sich also deshalb so gut emulgieren, weil ein sehr großes P/V vorliegt![26]

Zusätzlich wird das Fluid, wenn es in den Einflussbereich des Rotors gelangt ist, gezwungen, sich durch die Schlitze im Stator zu „quetschen". Teilchen, die im Fluid enthalten sind — nämlich die Tröpfchen der dispersen Phase — werden dadurch extremer Scherbeanspruchung ausgesetzt und kollidieren zusätzlich mit dem Statorgehäuse: ideale Bedingungen für Deformation und Zerkleinerung der Tropfen, wie wir sie für eine perfekte Emulsion wünschen. Die Abbildung 4.13 zeigt sehr anschaulich, wie Rotor/Stator-Systeme Tropfen oder auch allgemein Partikel wirksam zerteilen.

Ein prominenter Vertreter der Gattung Rotor/Stator-Systeme ist der bereits erwähnte ULTRA-TURRAX® der Firma IKA. Nach meiner eigenen Erfahrung ist er Standard in allen Laboren, die mikrobiologisch bzw. biotechnologisch arbeiten (und sicher nicht nur dort). Im Grunde wird

[26] Den hohen Leistungseintrag haben wir allerdings leider keinesfalls im ganzen Rührgefäß, sondern nur im Bereich des Kopfes, wir kommen darauf gleich nochmal zurück.

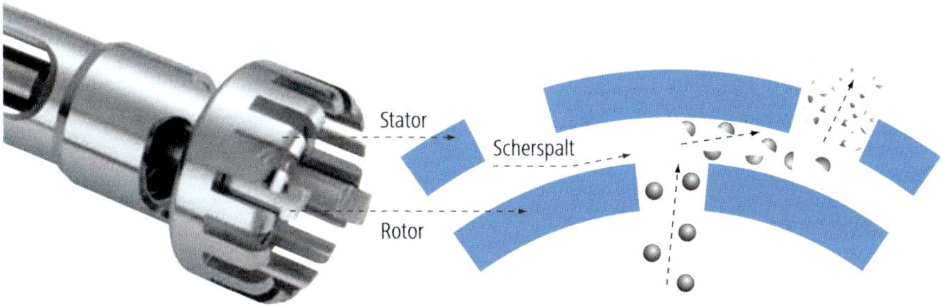

Abbildung 4.13: *Funktionsweise von Rotor/Stator-Systemen. Das Fluid wird mit hoher Geschwindigkeit durch die Öffnungen des Stators gedrückt. In dem engen Spalt wirken extrem hohe Scherkräfte, die zu einer optimalen Tröpfchenzerteilung (hier durch feste Kugeln veranschaulicht) führen. [Grafik: IKA®-Werke GmbH & CO. KG]*

er wie der aus der Küche bekannte Pürierstab eingesetzt und dient dem Vorbereiten von Proben zur Analyse, in dem er in der Probe enthaltenes (Zell-)Material zerkleinert, aufschließt und/oder extrahiert.

Im Innern der Stator-Glocke können laminare oder turbulente Strömungsverhältnisse oder auch beide Formen nebeneinander vorliegen, abhängig von den Fluideigenschaften, den geometrischen Verhältnissen und den Betriebsparametern. Für unsere Verhältnisse und Zwecke können wir aber auf die grundsätzliche Eignung von Rotor/Stator-Systemen zum Emulgieren von Cremes und Lotions einfach vertrauen ☺.

Zwei Dinge sind bei der Verwendung von Rotor/Stator-Systemen jedoch zu beachten: Zum einen wird bei dem lokal sehr hohen Leistungseintrag eine nicht unerhebliche Menge an Energie in Wärme umgewandelt. Dadurch kann es zu (lokalen) Temperaturerhöhungen kommen, bei denen empfindliche Substanzen wie beispielsweise Vitamine durchaus in Mitleidenschaft gezogen werden können. Zum anderen — und das ist aus Emulgier-Sicht das „Schlimmere" — ist die Durchmischung des gesamten Fluids im Becherglas oder im Rührgefäß sehr schlecht. Vielleicht hat man es ja bei der gastronomischen Verwendung des Pürierstabs schon mal beobachtet: Beim Pürieren z. B. einer Suppe in einem hohen Topf, bei dem man noch die letzte Mohrrübe am Topfboden „erwischen" will und deshalb mit der Stator-Glocke auf dem Boden aufsetzt, ist kaum noch eine Bewegung der Oberfläche auszumachen. Der sich beim Betrieb eines Rotor/Stator-Systems durch den radialen Charakter grundsätzlich ausbildende Ringwirbel ist fast komplett auf den unteren Bereich und dort auf die direkte Nähe der Stator-Glocke beschränkt. Hierdurch ist nicht mehr gewährleistet, dass stets ausreichend Emulgator „vor Ort" ist, um die bei der Tropfenzerteilung neu gebildete Phasengrenzfläche zu benetzen. Geschieht dies nicht, so werden aber die kleinsten Tröpfchen bei Kontakt miteinander sofort wieder koagulieren, und für die feine Emulsion ist nichts gewonnen. Beim Verwenden von Dispergierstäben mit Rotor/Stator-System sollte man also immer darauf achten, dass man durch zusätzliche Auf- und Ab- bzw. seitliche Bewegungen ständig den ganzen Gefäßinhalt in Bewegung hält!

Parameter	Wert
max. Leistungseintrag	500 W
Drehzahlbereich	3.000–25.000 min^{-1}
max. Viskosität	5.000 mPa s
⌀ des Stators	18 mm
⌀ des Rotors	12,7 mm
Spalt zw. Rotor und Stator	0,3 mm
max. Umfangsgeschw. w_{tip}	16,6 m/s
Arbeitsvolumen	10–1500 ml
Endfeinheit Emulsion	1–10 μm

Tabelle 4.3: *Beispiel für technische Daten eine Labordispergierers Typ Rotor/Stator*

Um einen Eindruck der typischen Maße und Betriebsweise solcher Rotor/Stator-Systeme zu vermitteln, zeigt Tabelle 4.3 einmal beispielhaft die Daten eines IKA-Labordispergierers[27]. Übrigens: Die angegebene Umfangsgeschwindigkeit w_{tip} von 16,6 m/s entspricht knapp 60 km/h!

Zum Abschluss ein kleiner Lückentext als Wissenstest (10):

Eine haptisch angenehme O/W-Emulsion erhält man, wenn die Tröpfchengröße im Idealfall ca. bis beträgt. Das Zerteilen von großen Tropfen in kleine benötigt , da sich dabei die Phasengrenzfläche zwischen disperser und Phase . Wichtig sind außerdem eine ausreichend hohe Konzentration des Emulgators und seine gute und gleichmäßige Durchmischung, um so die bereits zerkleinerter Tröpfchen zu verhindern.

Die entscheidende Größe, um die Emulgierperformance eines Rührsystems zu beurteilen, ist das Verhältnis aus vom Rührer eingetragener zum Fluid- . Je P/V ist, desto besser ist die emulgierende Wirkung. Deshalb sind Propellerrührer grundsätzlich geeignet als Rührer mit einem bevorzugt radial geprägtem Strömungsfeld.

Rotor/Stator-Systeme sind Emulgier-Spezialisten, weil im zwischen Rotor und Stator sehr große -Kräfte herrschen, die zu effektiver Tropfendeformation und -zerkleinerung führen.

[27] Die Daten wurden der Dokumentation des IKA-Dispergierers T 25 digital ULTRA TURRAX® mit Dispergierwerkzeug S 25 N - 18 G entnommen.

Auflösungen

Antwort (6) Yes, we can! Es ist aufgrund des kleinen Radius und der damit vergleichsweise kleinen Umfangsgeschwindigkeit zwar nicht sehr effektiv, aber das Prinzip Haftung, Reibung, Drehbewegung, Fliehkraft funktioniert prinzipiell genauso wie z. B. bei einem Blatt- oder Ankerrührer.

Antwort (7) Bild **a)** zeigt den Propellerrührer in dreiflügeliger Ausführung: der klassische Axialrührer! In Bild **b)** ist ein Ankerrührer zu sehen. Als wandgängiger Rührer wird er durch die Primärströmung charakterisiert, er ist also ein Vertreter der Tangentialrührer. Im Bild **c)** schließlich ist ein Scheibenrührer, auch Rushton-Turbine genannt, abgebildet, er vertritt die Gruppe der radialen Rührer.

Antwort (8) Die Geschwindigkeiten sind in beiden Fällen gleich! Die Umfangs- oder Rührerspitzengeschwindigkeit w_{tip} errechnet sich nach folgender Formel: $w_{\text{tip}} = \pi \cdot d \cdot n$, wobei d den Rührerdurchmesser und n die Drehzahl benennen. Im Falle des ULTRA-TURRAX®ergibt sich:

$$w_{\text{tip,UT}} = \frac{\pi \cdot 0,008\,\text{m} \cdot 10.000}{60\frac{\text{s}}{\text{min}}\quad \text{min}} = 4,19\frac{\text{m}}{\text{s}}\,.$$

Für den Scheibenrührer mit zwar langsamerer Drehzahl, aber größerem Rührerdurchmesser ergibt sich:

$$w_{\text{tip,SR}} = \frac{\pi \cdot 0,05\,\text{m} \cdot 1.600}{60\frac{\text{s}}{\text{min}}\quad \text{min}} = 4,19\frac{\text{m}}{\text{s}}\,.$$

Antwort (9) Ich möchte eine feine, haptisch angenehme und stabile Emulsion erzeugen. Dafür soll die disperse Phase in möglichst klein(st)en Tröpfchen vorliegen. Die damit einhergehende Vergrößerung der Phasengrenzfläche zwischen Tröpfchen und kontinuierlicher Phase kann nur stattfinden, wenn Energie zugeführt wird, da die Oberfläche vieler kleiner Tropfen einen größeren Energieinhalt hat, als die einiger großer Tropfen mit insgesamt gleichem Volumen. Bei der Zerteilung der Tropfen muss ich also Arbeit verrichten; die dafür nötige Energie trage ich durch das Rühren ein.

Antwort (10) (der Lückentext ☺) Eine haptisch angenehme O/W-Emulsion erhält man, wenn die Tröpfchengröße im Idealfall ca. 1 bis 20 μm beträgt. Das

4.4.2 Rotor/Stator-Systeme

Zerteilen von großen Tropfen in kleine benötigt Energie, da sich dabei die Phasengrenzfläche zwischen disperser und kontinuierlicher Phase vergrößert. Wichtig sind außerdem eine ausreichend hohe Konzentration des Emulgators und seine gute und gleichmäßige Durchmischung, um so die Koaleszenz bereits zerkleinerter Tröpfchen zu verhindern.

Die entscheidende Größe, um die Emulgierperformance eines Rührsystems zu beurteilen, ist das Verhältnis aus vom Rührer eingetragener Leistung zum Fluid-Volumen. Je größer P/V ist, desto besser ist die emulgierende Wirkung. Deshalb sind Propellerrührer grundsätzlich weniger geeignet als Rührer mit einem bevorzugt radial geprägtem Strömungsfeld.

Rotor/Stator-Systeme sind Emulgier-Spezialisten, weil im Spalt zwischen Rotor und Stator sehr große Scher-Kräfte herrschen, die zu effektiver Tropfendeformation und -zerkleinerung führen.

5 Ganz praktisch — Rühren (nicht nur) in der DIY-Cremeküche

Halten wir einen kurzen Moment inne und rekapitulieren, was wir in den vergangenen Kapiteln erfahren haben:

Fluidkunde: Wir verarbeiten eine Fettphase und eine wässrige Phase zu einer Emulsion. Während die wässrige Phase von geringer Viskosität ist (meist nur wenig höher als die von Wasser selbst), sind Fettphase und Emulsion von mittlerer bis hoher Viskosität. Zusätzlich kann die Emulsion ein „unnormales“ Verhalten zeigen und innerhalb unseres Rührgefäßes dort, wo sie schnell gerührt wird, sehr dünnflüssig sein. In Bereichen mit wenig Bewegung erscheint dieselbe Emulsion hingegen fester und hochviskos (das ist das strukturviskose oder pseudoplastische Verhalten). Hat eine Zubereitung einen sehr hohen Feststoffanteil, kann sie sich „umgekehrt unnormal“ verhalten Bei zu schneller Bewegung reißt sie auf und wird bröckelig, langsam gerührt ist sie homogen („dilatant ist nasser Sand“).

Emulgieren: Eine Emulsion ist eine Verteilung einer dispersen Phase (Tröpfchen) in einer kontinuierlichen. Bei den meisten Cremes und

Lotions bildet die Fettphase die Tröpfchen, man spricht von einer O/W-Emulsion. Salben hingegen sind in der Regel W/O-Emulsionen. Da Fett- und wässrige Phase nicht ineinander löslich sind, bleibt eine Emulsion nur stabil, wenn ein Emulgator die Phasengrenzfläche benetzt und so das Koagulieren der Tröpfchen verhindert. Es müssen nicht nur möglichst kleine Tröpfchen gebildet, sondern der Emulgator in der gesamten Emulsion homogen verteilt werden.

Theorie des Rührens: Um kleine und kleinste Tröpfchen zu erhalten, muss ich eine große Phasengrenzfläche erzeugen. Dafür brauche ich Energie, die ich durch das Rühren in die Emulsion einbringe. Von den drei Rührergrundtypen Tangential-, Axial- und Radialrührer erzeugt der Radialrührer die höchsten lokalen Spitzenwerte für das Verhältnis aus eingetragener Leistung P und Emulsionsvolumen V. So genannte Dissolver gehören zu den Radialrührern und sind besonders gut zum Emulgieren geeignet. Rotor/Stator-Systeme sind ebenfalls sehr gute Emulgierer, sie schwächeln aber hinsichtlich einer gleichmäßigen Vermischung des gesamten Inhalts des Rührgefäßes.

5.1 Sicheres Arbeiten mit Rührwerkzeugen

Mit einem Milchaufschäumer werden wir uns kaum größere Verletzungen zuführen, mit einem Ständerrührwerk z. B. auf Bohrmaschinenbasis kann das schon ganz anders aussehen (und -gehen). Deshalb und weil es zum verantwortungsvollen Cremeherstellen genauso selbstverständlich dazugehört wie hygienisches Arbeiten, hier zunächst ein paar Sicherheitshinweise[1]:

---

[1] Vielleicht steigt der eine oder die andere ja erst genau hier mit der Lektüre der kleinen Rührkunde ein („Hauptsache, ich weiß *wie*, *warum* kann ich ja immer noch nach-

Persönlicher Schutz: Eng anliegende Kleidung tragen, Ärmel nach innen umschlagen, keine Handschuhe[2] tragen, langes Haar zurückbinden. Ringe, Ketten, Armbanduhren oder ähnliche Gegenstände vor Arbeitsbeginn ablegen.

Sicheres Arbeiten: Vor Arbeitsbeginn Rührwerkzeug auf betriebssicheren Zustand überprüfen. Bei Rührwerken: Rührorgan vor Inbetriebnahme sicher im Rührerkopf festspannen. Niemals den Spannfutterschlüssel im Spannfutter stecken lassen! Für rutschfesten Stand des Becherglases oder des Rührgefäßes sorgen. Niemals das Rührwerkzeug bei laufendem Rührermotor ein- oder ausspannen! Nicht (dicht) am laufenden Rührwerkzeug vorbeigreifen. Vorsicht beim Zugießen von Flüssigkeiten bei laufendem Rührer: Verletzungsgefahr bei Kontakt mit drehender Rührerwelle! Spritzgefahr!

Beenden der Arbeit: Nach Arbeitsende den Rührer aus- und stromlos schalten. Sicherstellen, dass versehentliches Betätigen des Rührers ausgeschlossen ist. Motoren können heiß werden: Vorsicht im Kontakt; vor eventuellem Abdecken ausreichend abkühlen lassen!

5.2 Vom Glasstäbchen bis zum Rührwerk: unsere Rührutensilien

In diesem Kapitel zeige ich eine Auswahl von Rührwerkzeugen, wie sie mir von Mitgliedern der Rührküchen-Community auf Anfrage zur Ver-

lesen...“ ☺) und/oder verfügt noch über gar keine eigene Rührerfahrung. Die folgenden Zeilen sind mir deshalb ein besonderes Anliegen.

[2] Gemeint sind Handschuhe aus festem, gewebtem Material („Arbeitshandschuhe“), eng anliegende Einmalhandschuhe z. B. aus Latex oder Vinyl können benutzt werden.

fügung gestellt wurde[3]. Sie werden in die uns nun bekannten Kategorien der vorherrschenden Strömungsrichtung eingeordnet und hinsichtlich besonderer Eigenschaften beurteilt. Dass sie alle zum Cremerühren geeignet sind, haben sie in der Praxis unter Beweis gestellt, die folgenden Ausführungen sollen dazu dienen, sie (oder ähnliche verfügbare Rührwerkzeuge) noch zielgenauer und wirksamer einsetzen zu können.

Die Abbildung 5.1 zeigt „Kleinrührer" verschiedenen Typs.[4] Bei allen beträgt der Durchmesser des Rührorgans um die 2 cm. Der Milchaufschäumer und die beiden unter b) und c) gezeigten Scheibenrührer sind klassische Radialrührer und zeichnen sich durch zwei ausgeprägte Ringwirbel in der Sekundärströmung aus, vergleiche hierzu Abb. 4.3.

Vorteilhaft ist, dass man sie auch in sehr kleinen Rührgefäßen verwenden und auch Einzelportionen mit ca. 50 ml rühren kann, ohne allzuviel Verlust durch Anhaftungen der fertigen Creme im/am Rührer zu haben. Ideal wäre ein Becherglas mit gut doppeltem Durchmesser im Vergleich zum Rührer, eher noch etwas größer, so wie in Abb. 4.5 für den Radialrührer (mittleres Bild) gezeigt.

Wenn man den Rührer nicht in ein Stativ einspannt, sondern ihn in der Hand hält, kann man durch Bewegungen im Rührgut (hoch/runter, seitlich) die Durchmischung verbessern, dabei sollte man allerdings nicht zu nah an die Oberfläche kommen, um Einsaugen von Luft und Spritzen zu vermeiden.

Bildteil d) zeigt ein Sortiment an Quirl-Aufsätzen, wobei der rechte wieder vom Typ Scheiben-/Radialrührer ist. Die anderen beiden kom-

[3]An dieser Stelle ein ganz, ganz herzliches Dankeschön an alle, die für mich fotografiert und mir ihre Aufnahmen zur Veröffentlichung geschickt haben — natürlich auch an diejenigen, deren Rührer nicht abgebildet sind (z. B. weil doppelt)!

[4]Auf eine Abbildung des in der Überschrift genannten Glasstäbchens habe ich verzichtet. Da es über keinen Antrieb verfügt, kann es bestenfalls die Funktion des groben Vermischens erfüllen und/oder bei Kleinstmengen (Verrühren von Pulver auf einem Uhrglas o. Ä.) verwendet werden. Zum Emulgieren ist es nicht geeignet.

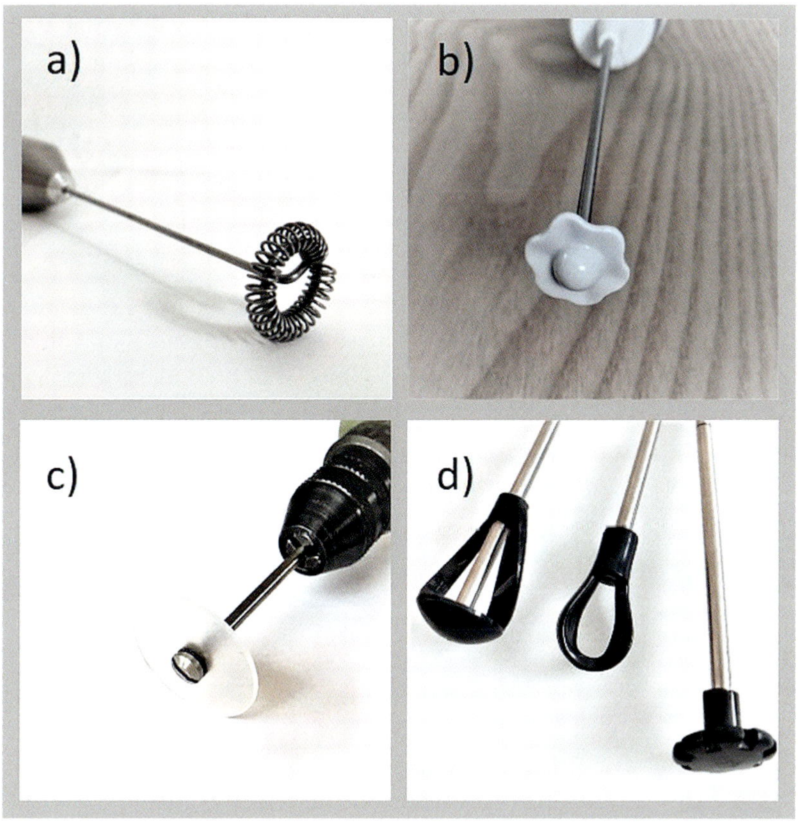

Abbildung 5.1: *Sortiment kleiner Rührer aus Haushalt und Werkstatt. a) Milchaufschäumer, b) Scheibenrührer mit gewellter Scheibe, c) Scheibenrührer für Multifunktionswerkzeug, d) verschiedene Quirl-Aufsätze.*

men in Gestalt und Funktion an den Ankerrührer heran: Ihre Wendelform ermöglicht auch die Verarbeitung von hochviskosem, pastösem oder feststoffreichem Rührgut, da die „Schlaufen“ eine Zwangsförderung mit sich bringen: Das Fluid wird von ihnen gleichzeitig geschoben und „umgepflügt“, bei dem linken Rührer noch deutlicher als bei dem in der Mitte. Um sich diese Eigenschaft zunutze zu machen, empfiehlt sich für diese beiden Rührer der *randgängige* Einsatz in schlanken, hohen Bechergläsern. Bei niedrigviskosen Fluiden und/oder reinen Emulgieraufgaben (also keine Salben oder Pasten, keine Festtoffe) sind die Radialrührer jedoch in aller Regel vorteilhafter in ihrer Performance.

Bei Milchaufschäumern und ähnlichen Küchenutensilien ist die Motorleistung meist recht gering. Das dadurch mögliche maximale Drehmoment[5] kann so schwach sein, dass der Rührer in der Emulsion buchstäblich stecken bleibt. Multifunktionswerkzeuge haben diese Problematik nicht, sie sind leistungsstark genug und man kann meistens zusätzlich die Drehzahl variieren.

Die nächste Abbildung 5.2 zeigt zunächst einen Gabelrührer ☺, vgl. Bild a). Auch er hat — durch seine tendentiell paddelartige Form (im Gegensatz zu den runden, scheibenförmigen Radial- und auch Propellerrührern) — die Fähigkeit, zähes Rührgut zwangszufördern („umzupflügen“). Die Durchlässigkeit der Gabelzinken und die exzentrisch gebogene Form erzeugen dabei zugleich gute Bedingungen für Turbulenz und hohe Scherkräfte. Langsam und wandnah eingesetzt eignet er sich also wie alle Tangentialrührer sehr gut für breiige, teigige Zubereitungen. In randferner Einbauweise und bei hohen Drehzahlen erfüllt er prima jede Emulgieraufgabe und dürfte den zuvor gezeigten Radialrührern ebenbürtig sein. Allein die Höhe des Rührorgans erfordert etwas Achtsamkeit bezüglich Gefäß- und Füllhöhe: Die Gabel sollte gut bedeckt sein, da sonst mit starkem Spritzen und/oder Lufteinzug zu rechnen ist.

---

[5]Zur Erläuterung des Drehmoments siehe Anekdote am Kapitelende!

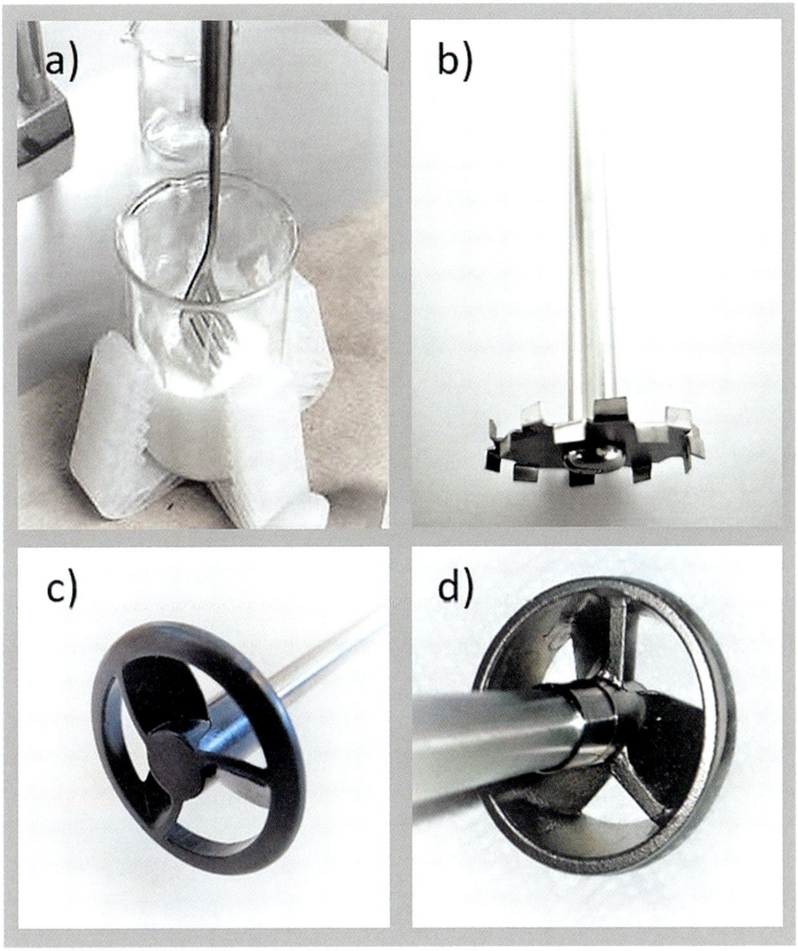

Abbildung 5.2: *Weiteres „Laborbesteck": a) Gabelrührer, b) Dissolver, c) und d) Propellerrührer mit Leitring.*

Bild b) zeigt einen Dissolver, wie wir ihn ja bereits im Kapitel 4.4.1 ausführlich kennengelernt haben. Dieser hier ist zum Einspannen in ein Rührwerk vorgesehen und hat einen Durchmesser von 32 mm.

Die Bildteile c) und d) zeigen zwei sehr ähnliche Propellerrührer mit sogenanntem Leitring, ihr Durchmesser liegt knapp unter/um die 3 cm. Die Verwendung solcher Leitringe vermindert die an den Rührerspitzen (hier: Propellerblättern) entstehenden Scherkräfte und sorgt somit für eine besonders sanfte Homogenisierung. Gleichzeitig führt der Leitring zu einer radialen Strömungskomponente, die das ja ansonsten axial geprägte Strömungsbild des Propellerrührers überlagert. Diese Art Rührorgane sind also eine Art „Zwitterwesen“, ihre sanfte Rührperformance zeigt aber deutlich, dass sie ihr Hauptanwendungsgebiet *nicht* im Bereich des Emulgierens haben!

In der Abbildung 5.3 sind verschiedene Rotor/Stator-Systeme, wie sie gerne im DIY-Bereich eingesetzt werden, zu sehen. Sie entstammen dem Gastro-Bereich und werden dort z. B. als „Turbo-Blender“ bezeichnet und für das Emulgieren von Zutaten für Dressings, Mayonnaise oder cremige Suppen verwendet. Bildteil a) zeigt im Größenvergleich zwei verschiedene Handgeräte mit Emulgieraufsätzen, deren Köpfe in vergrößerter Ansicht zusätzlich in Bildteil b) zu sehen sind. Man erkennt den innenliegenden, im Betrieb rotierenden Rotor in Triangelform („Dynamix“ der Firma Dynamic Professional[6], links) und mit vier Schneiden („Blendia“ von Kai, rechts). Das umschließende, unbewegliche Gehäuse — der Stator — ist jeweils mit Schlitzen versehen, aus denen das Fluid bzw. die Emulsion nach außen tritt.

Die Bilder c) und d) zeigen einen Pürierstab mit Emulgieraufsatz der Firma Gastroback. Der Rotor hat hier die Form eines 4-flügeligen Messers, das in der Statorglocke recht frei läuft und wesentlich weniger randgängig ist als die zuvor gezeigten Rotoren. Die Emulgierwirkung

[6]Ein Herstellerverzeichnis aller hier genannten Marken findet sich im Anhang

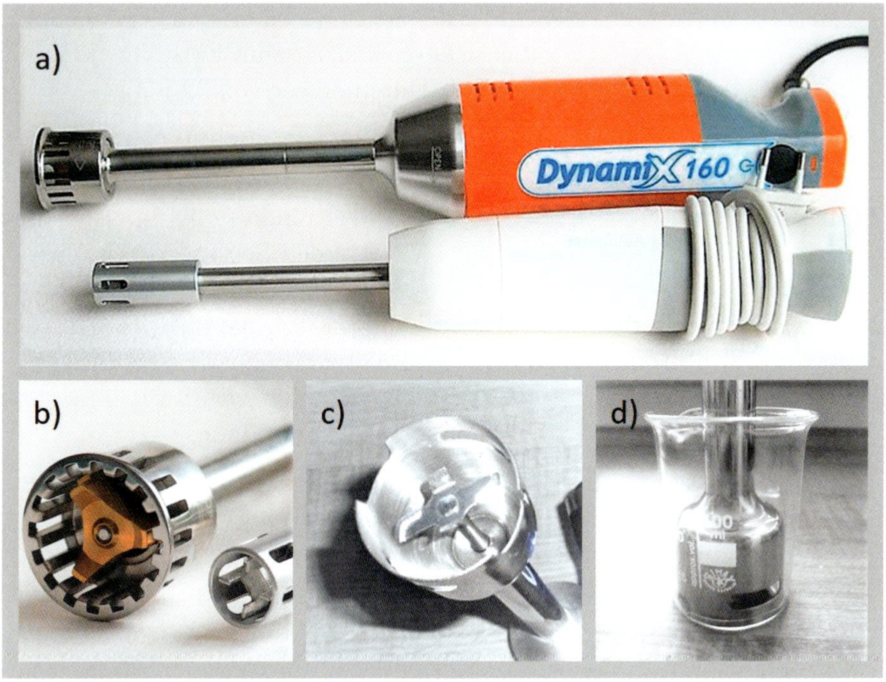

Abbildung 5.3: *Rotor/Stator-Systeme in der Cremeküche: a) Größenvergleich zwischen einem „Dynamix" und einem „Blendia", b) die Köpfe im Detail, c) und d) Stabmixer mit Emulgieraufsatz der Fa. Gastroback*

im Spalt zwischen rotierendem und fest stehendem Element ist daher nicht ganz so ausgeprägt, vgl. hierzu auch Abb. 4.13. Durch die Größe des Kopfes ist die Verwendung für sehr kleine Mengen eingeschränkt, wie das Foto mit einem 100-ml-Becherglas in Bildteil d) zeigt. Auch ist zu bedenken, dass innerhalb der Statorglocke große Produktmengen verbleiben und die Entnahme daraus nicht ganz so leicht geht bzw. recht verlustbehaftet ist.

Frage zum Selbsttest (11): Das nebenstehende Bild zeigt einen Blattrührer. Man kann ihn sowohl wie einen Tangential- als auch wie einen Radialrührer einsetzen, indem man Einbaugeometrie und Betriebsweise entsprechend wählt. Wie genau, das zeigt die Tabelle, wenn du die folgenden Begriffe richtig zugeordnet hast!

⌀ Becherglas ca. drei Mal so groß wie ⌀ Rührer — 6-Blatt-Scheibenrührer — Ankerrührer — auch für Salben und feststoffreiche Zubereitungen — Gefahr der Trombenbildung groß (Lufteinschluss, Spritzen) — mittel bis hoch — mittel bis hoch — niedrig — niedrig — wand- und bodennah

Verwendung als:	Tangentialrührer	Radialrührer
Vergleichbar mit:		
Geometrie Einbau:		
für Viskosität geeignet:		
Drehzahl:		
Bemerkung :		

P.S.: kleiner Tipp: Schau dir nochmal Abb. 4.5 an, da findest du gute Hinweise zur Beantwortung der Frage ☺.

5.3 Rühren wie die Profis: die IKA und andere Rührwerke

Rührwerke — auch als Überkopfrührer oder einfach nur Laborrührer bezeichnet — bestehen aus Motor und Getriebe und einer Einspannvorrichtung für eine Rührerwelle bzw. ein Rührwerkzeug. Die Motordrehzahl lässt sich in der Regel stufenlos einstellen und liegt beispielsweise bei 50 bis 2000 min^{-1}, je nach Ausführung auch darunter oder darüber.

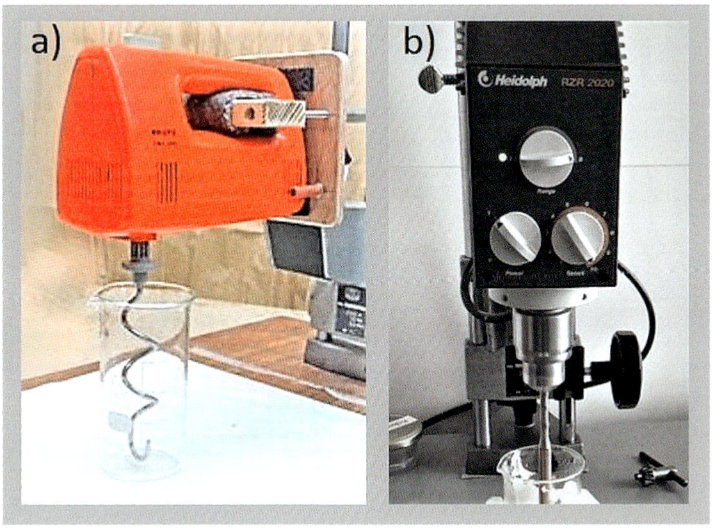

Abbildung 5.4: *Verschiedene Rührwerke im DIY-Betrieb: Bild a) zeigt ein aus einem Handrührgerät „gebasteltes“ Rührwerk. In Bild b) ist ein Laborrührwerk der Fa.* HEIDOLPH *zu sehen.*

Standardanwendungen gehen bis zu einem Volumen von rund 20 Litern bei Viskositäten von etwa 50.000 mPa s. Höherviskose Fluide, wie es beispielsweise auf viele Emulsionen zutrifft, können in kleineren Volumina ebenfalls problemlos gerührt werden[7]. Kleine Laborrührer haben Drehmomente im Bereich von z. B. 20 bis 100 Ncm, besonders starke gehen bis ca. 300 oder 400 Ncm. Diese schaffen dann auch, 60 Liter hochviskose Salbe W/O mit einer Viskosität von 200.000 mPa s zu rühren. Für DIY-Mengen, die oft bei 30 oder 50 ml, vielleicht bis 200 ml bei Lotionen oder Shampoo/Duschgel liegen, spielen diese Leistungsdaten keine Rolle, damit werden handelsübliche Laborrührwerke[8] spielend fertig!

Verschiedene Hersteller bieten Rührwerke an, im Laborbereich trifft man eigentlich immer auf Geräte der Fa. IKA und, seltener, auf solche von HEIDOLPH oder von WITEG. Da diese Apparate in der Anschaffung nicht ganz billig sind (auch gebraucht muss man meist mehrere hundert Euro bezahlen, neu inklusive Zubehör wie Stativ und Klemmmuffen ist man schnell im unteren vierstelligen Eurobereich), stellt sich die Frage, ob bzw. für wen sich eine solche Anschaffung lohnt. Die folgende Aufzählung typischer Eigenschaften hilft vielleicht bei der Entscheidungsfindung:

- Rührwerke sind für den Dauerbetrieb ausgelegt und können auch größere Mengen geduldig — wenn nötig, auch stundenlang — (kalt-) rühren. Dabei sind sie laufruhig und geräuscharm.

---

[7] Leider kann man hier nicht einfach linear rechnen gemäß „doppelte Viskosität ⇒ dann eben nur halbes Volumen!“ Der Grund hierfür ist geradezu banal, macht einem beim Auslegen von Rühranlagen, insbesondere bei der Maßstabsvergrößerung vom Labortest zur Produktion, aber immer wieder große, zum Teil unüberwindbare Schwierigkeiten: Längen, Flächen und Volumina können sich nie im selben Verhältnis ändern! Verdopple ich z. B. Gefäß- und Rührerduchmesser, hat sich mein Fluidvolumen verdreifacht. Schon die Frage, mit welcher Drehzahl ich nun am besten rühre, um „gefühlt gleiche Bedingungen“ zu haben, macht deutlich, wie komplex derartige Prozessauslegungen sind.

[8] Meine IKA ist mir bislang nur einmal „stecken geblieben“: beim Rühren von 1,5 kg einer Gesichtsmaske mit über 40 % Feststoffanteil (Kaolin), da musste ich dann auf händisches Vermengen mit dem Teigschaber umsteigen ☺.

- Während das Rührwerk rührt, hat man die Hände zum Arbeiten (z. B. für das Abwiegen weiterer Zutaten) frei. Das Rührgefäß kann mittels Klemme oder Gurt sicher am Stativ befestigt werden, so dass ein Zugeben weiterer Komponenten jederzeit möglich ist (ohne dass einem die dritte Hand fehlt, die das Becherglas festhält, während man Rührer und Zugabegläschen in den anderen beiden hält ...).

- Die Drehzahl lässt sich stufenlos variieren und kann meistens auch direkt abgelesen werden. Dadurch lässt sich z. B. zu einer „Lieblingscreme" nicht nur die Rezeptur, sondern auch eine erprobte Prozessführung dokumentieren (siehe hierzu auch das folgende Kapitel), mit der jederzeit die Herstellung gelingsicher reproduziert werden kann.

- Die Aufnahme (Bohrfutter) ist flexibel und kann runde oder (sechs-) eckige Rührerwellen verschiedenen Durchmessers aufnehmen, so dass man nicht an die Rührwerkzeuge des Herstellers gebunden ist, sondern auch andere verwenden kann (durchaus auch „Selbstgebasteltes" oder — wie oben gezeigt — auch zweckentfremdete Rührelemente anderer Küchengeräte ☺).

Schon das regelmäßige Herstellen von Emulsionen in einer Portionsgröße etwa ab 50 ml rechtfertigt nach meiner Einschätzung die Anschaffung eines Rührwerkes: Mit passendem Equipment (kleines, schlankes Becherglas und entsprechendes Rührwerkzeug, z. B. einem der in Abb. 5.1 gezeigten „Quirle") lassen sich auch in dieser kleinen Menge sicher und komfortabel Cremes und Lotions herstellen. Gerade bei solchen geringen Volumina hat man gegenüber Pürierstäben den Vorteil, kaum Material zu verlieren, während in den letztgenannten oft beträchtliche Mengen im Kopf zwischen dem Rotor und dem Gehäuse hängen bleiben und nur mühsam entnommen werden können. Auch die einfache Reinigung — Basis jeder hygienisch sicheren Cremeherstellung — spricht bereits bei kleinen Herstellungsmengen für die Verwendung eines Rührwerkes mit (wechselbaren) Rührwerkzeugen. Möchte man öfter auch Emulsion mit 100 oder 200 ml Chargengröße oder „Weihnachtsproduktionen" für Freunde und Familie herstellen, bei denen beispielsweise Bodylotions schnell in den Liter-Bereich gehen, wird man sich vom ersten Tag an über ein Rührwerk und die damit verbundenen Möglichkeiten hinsichtlich Flexibilität, Handhabbarkeit und Reproduzierbarkeit freuen! Apropos „Weihnachten": Vielleicht lassen sich Freunde und Verwandte ja durch entsprechende selbst gerührte Geschenke zur finanziellen Beteiligung an der Investion in ein Rührwerk überzeugen ...

Ein weiterer Pluspunkt für die Anschaffung eines Rührwerkes liegt in der guten Mischwirkung bei niedriger Drehzahl, wenn es um die Herstellung von Shampoo oder Duschgelen oder anderen schäumenden, weil mit Tensiden konzipierten Rezepturen geht. Hierbei ist die Bildung einer Emulsion mittels Eintrags einer hohen Leistung ja nicht gefragt, im Gegenteil: Zu hohe Drehzahlen führen sofort zu unerwünschter Schaumbildung.

Dennoch müssen die Zutaten gründlich vermischt werden, dies trifft in sehr vielen Fällen besonders auf die abschließende Einstellung des pH-Wertes mit Zitronen- oder Milchsäure zu: Nur wenn die zugegebenen Tröpfchen wirklich gut und gleichmäßig vermischt sind, kann ich zuverlässig den pH-Wert bestimmen und gegebenenfalls nachdosieren. Bei Portionsgrößen von beispielsweise 200 ml ist die Verwendung eines Rührwerkes mit kleinem Rührer bei minimaler Drehzahl (oft sind bereits 30 Umdrehungen pro Minute einstellbar) bereits eine spürbare Erleichterung bei der Fertigstellung meines Produktes.

Genug der Schwärmerei ☺! Zu den praktischen Tipps und Tricks beim Rühren geht es gleich im folgenden Kapitel nach einem kurzen Ausflug in die Welt der Apotheken, in denen auch heute noch eine Vielzahl von Rezepturen *on demand* für den Kunden vor Ort hergestellt wird.

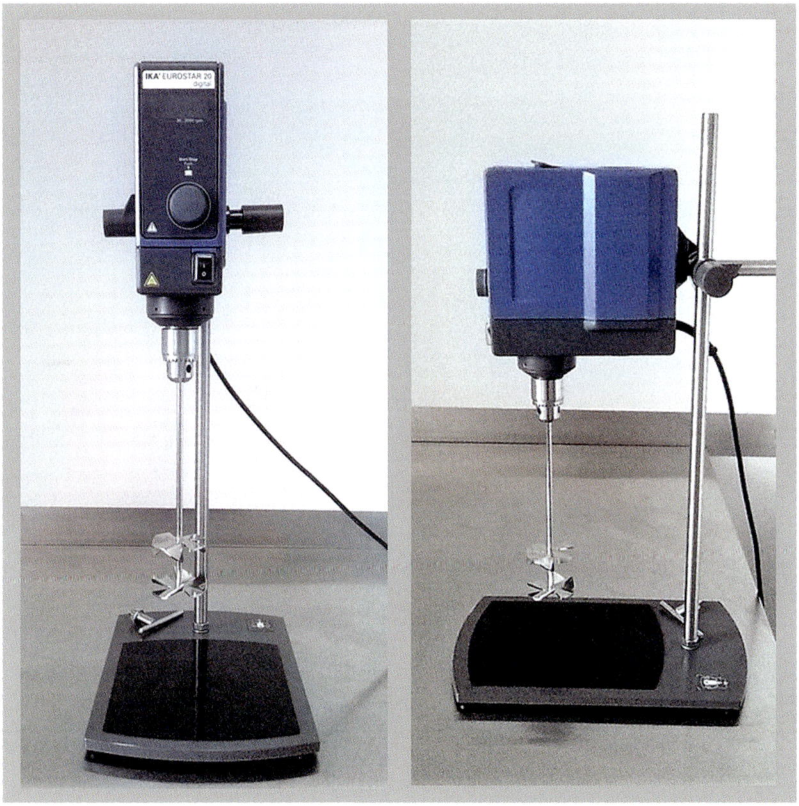

Abbildung 5.5: *Mein Rührwerk, der EUROSTAR 20 digital von IKA, ein „Klassiker" in Labor und Technikum sowie für Kleinstproduktionen. Hier eingespannt: ein zweistufiger Dissolver für die Anwendung in schlanken, hohen Gefäßen.*

5.4 Just on Demand: Salbenrühren in der Apotheke

Die Rühren von Cremes oder hauptsächlich eher Salben in Apotheken ist aus unserer Sicht ein Sonderfall, der nicht der Herstellung von kosmetischen, sondern pharmazeutischen Produkten dient (und entsprechend auch nicht der Kosmetikverordnung unterliegt[9]). Es ist ein semitechnischer Prozess und unterscheidet sich damit deutlich von technisch automatisierten und optimierten Verfahren zur Herstellung von Kaufkosmetik. Anders als bei der DIY-Herstellung von (Natur-) Kosmetik kommen zudem meistens standardisierte, vorgefertigte und vom Apotheker eingekaufte Salbenbasen zum Einsatz, denen dann nach ärztlichem Rezept verordnete flüssige oder pulverförmige Arzneiwirkstoffe beigegeben werden.

Dennoch gibt es einige Gemeinsamkeiten, weshalb hier kurz auf die gängige Apothekenpraxis eingegangen werden soll:

---

[9]Die Kosmetikverordnung gilt EU-weit und ist eine „scharfe" Verordnung; dies zeigt der Fall einer Apothekerin, die die Herstellung von Cremes/Salben nach ärztlicher Verordnung ausweiten wollte, indem sie „Hautcremes nach individuellen Wünschen ihrer Kunden" herstellte. Der Kunde konnte „aus drei für unterschiedliche Hauttypen geeigneten Basiscremes, mehreren Wirkstoffen und — soweit gewünscht — aus drei verschiedenen Duftstoffen auswählen".

Nachdem das zuständige Landratsamt davon Kunde bekam, wurden Proben genommen und die relevanten Unterlagen abgefragt. Die Produkte wurden eindeutig als Kosmetika und nicht als Medizinprodukt bestimmt und fielen deshalb unter die Kosmetikverordnung. Deren Anforderungen konnten die Produkte jedoch mehrfach nicht erfüllen (Grenzwerte für Duftstoffe, Deklaration, erforderliche Unterlagen, ...). Deshalb wurde der Apothekerin vom Landratsamt unter Androhung eines Zwangsgeldes bei Zuwiderhandlung untersagt, „das kosmetische Mittel [Name] in den Verkehr zu bringen"; eine Abgabe als „Arzneimittel" wäre hingegen zulässig gewesen. [Quelle: Urteil des VG Ansbach 20.11.2012 - AN 1 K 11.02035]

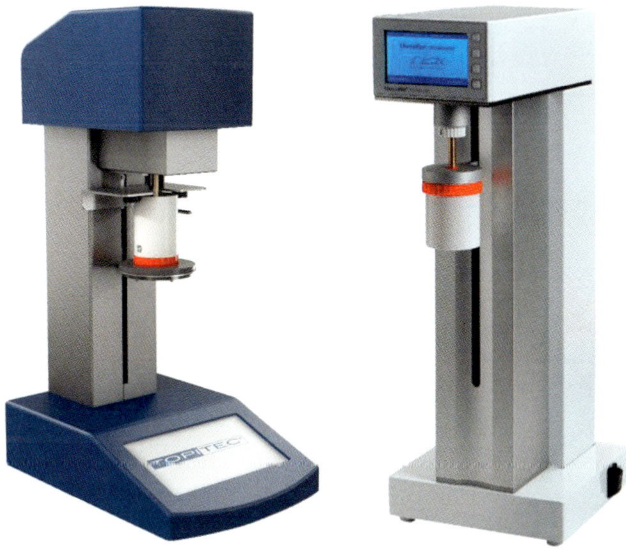

Abbildung 5.6: *Mischsysteme in der Apotheke: links ein* TOPITEC, *rechts ein* UNGUATOR. *Bei beiden sieht man die Kruke, die mittels einer verdeckten Mechanik auf- und abbewegt werden kann. In der Kruke befinden sich die eingewogenen Produktbestandteile sowie ein sich drehendes Rührorgan, das über eine Rührkupplung angetrieben wird. [Fotos: WEPA Apothekenbedarf (li.), Gako Konietzko (re.)]*

- kleine Produktmengen, z. B. 10 bis 50 ml, seltener über 100 ml, die jeweils in Einzelanfertigung *on demand* für den Kunden hergestellt werden.

- hohe Hygieneanforderungen, oft werden die Rezepturen ohne Konservierung hergestellt für unmittelbaren, kurzzeitigen Gebrauch

- hohe Anforderung an Rezepturtreue und Reproduzierbarkeit (stets gleiche Qualität, genaue Dosierung medizinischer Wirkstoffe)

- einfache Handhabung der Arbeitsmittel (Reinigung, Desinfizierbarkeit, Platzbedarf)

Seit etwa den 1990er Jahren stehen Apotheken zur Bewältigung dieser Rühr- und Mischaufgabe halbautomatisierte Apparate zur Verfügung, die heute in der Regel digital unterstützt sind (Rezeptur-Bibliothek, Mischprogramme, Dokumentation). Zwei Systeme konkurrieren derzeit auf dem Markt, sind sich jedoch im Wesentlichen gleich: der Topitec und der Unguator[10], beide sind in der Abbildung 5.6 zu sehen.

Die Zutaten werden in eine Kruke eingewogen, also beispielsweise die Salbenbasis, pulvrige Wirkstoffe, erneut Salbenbasis („Sandwicheinwaage") und zuletzt flüssige Substanzen. Die Kruke wird so in den Apparat eingespannt, dass das in der Kruke befindliche Rührorgan rotiert und gleichzeitig die Kruke auf- und abbewegt wird, so dass der Rührer wiederholt das gesamte Füllvolumen überstreicht. Auf diese Weise sollen radiale, tangentiale und axiale Strömungsanteile zu einer möglichst homogenen Durchmischung führen.

[10]Wepa Apothekenbedarf GmbH & Co KG bzw. Gako Konietzko GmbH, siehe auch den Herstellernachweis im Anhang

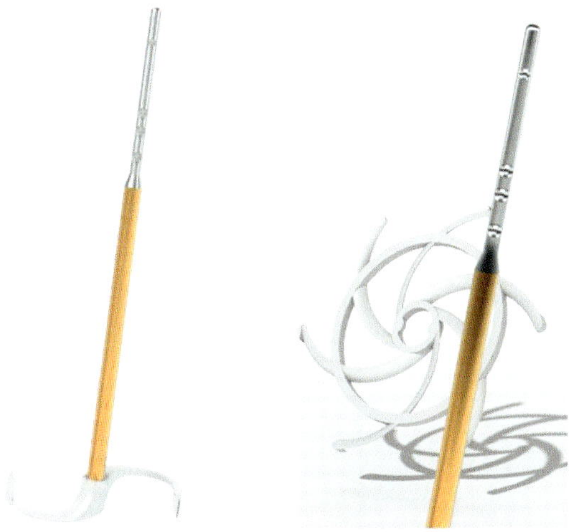

Abbildung 5.7: *Standard-Flügelrührer (links) und Einmalrührer (rechts, beide* UNGUATOR*): Das weiße Rührerblatt verbleibt in der Kruke, der Rührerschaft wird wiederverwendet. [Foto: Gako Konietzko GmbH]*

Für diesen Vorgang stehen verschiedene Programme zur Verfügung, die jeweils vorgegebene Profile hinsichtlich Drehzahlen und Dauer automatisiert abfahren. Es gibt spezielle Einwegrührorgane, die in der Kruke verbleiben, so dass die Kruke gleichzeitig als Produktbehältnis dient und komplett (mit Einwegrührer) an den Kunden abgegeben wird.

Die Vorteile solcher Mischsysteme liegen in einer Zeitersparnis für den Apotheker bei gleichzeitig sehr guten hygienischen Herstellungsbedingungen und sehr guter Reproduzierbarkeit und Dokumentation dank automatisierter Prozessabläufe.

Nachteilig sind die fehlende optische Kontrollmöglichkeit, teilweise eine starke Erwärmung des Rührgutes (besonders bei pastösen/hochviskosen Salbenzubereitungen) sowie eine unzureichende Rührerperformance, die zu inhomogener Wirkstoffverteilung und unzureichender Zerkleinerung von Agglomeraten („Klumpen“) bei pulvrigen Substanzen führen kann.

Im Pharmazeutischen Laboratorium des Neuen Rezeptur-Formulariums (NRF) in Eschborn wurden 2008 im Doppelansatz drei Cortison-Salben, zwei Cremes (O/W und W/O) sowie eine Salbe (W/O) mit TOPITEC- und UNGUATOR-Mischsystemen hergestellt und anschließend untersucht[11]. Die Mustermengen lagen zwischen 30 g und 100 g je Ansatz. Um die Homogenität zu überprüfen, wurden Proben oben, aus der Mitte und unten der Kruke entnommen und auf den Wirkstoffgehalt hin analysiert.

Die Einzelproben schwankten hinsichtlich der Wirkstoffkonzentration teilweise um mehr als ±10% bezogen auf die mittlere Konzentration.

Diese für z. B. cortisonhaltige Salben doch sehr unschöne Schwankung je Auftragsmenge im praktischen Gebrauch lässt sich mit dem nicht optimalen Design des Rührprozesses erklären: Wie in Abb. 5.7 beispielhaft für den UNGUATOR gezeigt, werden randgängige Rührer eingesetzt, ähnlich einem Ankerrührer, jedoch ohne dessen „Flügel“. Deren Fehlen soll durch die Auf- und Abwärtsbewegung des Rührers kompensiert werden. Dennoch wird im Rührgut — besonders, wenn es sich um sehr feste, hochviskose Salben handelt — fast ausschließlich eine tangentiale Umlaufströmung erzeugt, ohne nennenswerte radiale oder axiale Anteile, die für eine Vermischung notwendig wären.

Geeigneter wären großvolumige, dreidimensionale Rührorgane mit knethakenähnlichen Elementen, die eine Umwälzung des Rührgutes von oben nach unten und von außen nach innen erzwingen. Die zweidimensionalen Rührer der Apotheken-Mischsysteme schaffen das nicht. Ebensowenig sind die erzielten Scherkräfte ausreichend, um Agglomerate zu zerteilen.

---

[11] `https://www.pharmazeutische-zeitung.de/ausgabe-152009/topitec-und-unguator-mischgeraete/`, abgerufen am 29.01.2019

Fazit: Aus unserer Sicht und für unsere Anwendung sind diese Systeme nicht attraktiv, zumal die Anschaffungskosten schon im 4-stelligen Bereich liegen. Der in Abb. 5.7 gezeigte Standardrührer kann jedoch unseren „Werkzeugkasten“ ergänzen. Er sollte dann jedoch in einer sehr kleinen Ausführung gewählt werden, so dass er im Betrieb in etwa wie ein Radialrührer eingesetzt wird (also nicht randgängig), vergleiche hierzu das vorangegangene Kapitel 4.1.2 „Radialrührer“ auf Seite 58.

Anekdote und Antwort

Das Drehmoment[12] Nine möchte am Handwaschbecken im Bad den alten Wasserhahn durch einen neuen austauschen. Dazu sind diese Wasserschläuchlein Kalt/Warmwasser aus Metallgewebe, die mit einer Überwurfmutter an den Wandausgängen befestigt sind, zu lösen. Abgesehen davon, dass das alles so halb versteckt im Unterschrank sowieso ein elendes Gefrickel ist, sind diese Muttern über die Jahre richtig fest verbackt. Nine kann sie so mit „Daumen und Zeigefinger" einfach nicht in eine Drehbewegung versetzen. Nine nimmt dann, weil als Erstes auffindbar, so einen mitgelieferten Blechschlüssel des schwedischen Möbelhauses zur Hand und versucht es damit — nichts bewegt sich. Schließlich wird Profiwerkzeug aufgetrieben, ein „Engländer", ungefähr so lang wie Nines Unterarm. Und siehe da: Die Muttern lösen sich und kurze Zeit später kann sich Nine an ihrem neuen, schicken Wasserhahn erfreuen!

Was ist passiert? Damit die verbackte Mutter sich bewegen konnte, musste sie ein gewisses Drehmoment erfahren: Nines Kraft in der Hand war ja immer dieselbe, aber die Werkzeuglänge, also der Hebelarm, war hier entscheidend ... Wir nehmen mal an, dass Nine mit ihrer Hand eine Kraft von 1 NS (Nine-Stärke) aufwenden kann. Dann lag mit dem Blechschlüssel mit ca. 5 cm Hebelarm an der verrosteten Mutter ein Drehmoment von 1 NS $\times$ 5 cm an. Der Anschaulichkeit halber rechnen wir das mal in andere Einheiten um: 1 Nine-Stärke NS ist gleich 150 Newton, 5 cm sind gleich 0,05 m, das ergibt also ein Drehmoment von $M_{Blech} = 150 \text{ N} \times 0{,}05 \text{ m} = 7{,}5 \text{ Nm}$ („Newtonmeter").

Das hat ja nicht funktioniert! Aber mit dem Profiwerkzeug ging's, na klar: Das hatte ja auch einen viel längeren Hebelarm, nämlich von ca. 20 cm. Wir rechnen wieder und kommen so auf ein Drehmoment von $M_{Profi} = 150 \text{ N} \times 0{,}20 \text{ m} = 30 \text{ Nm}$. Vielleicht hätte auch schon ein Drehmoment von 20 Nm gereicht, um die Mutter zu lockern, das wissen wir nicht. Aber wir wissen jetzt, was ein Drehmoment ist!

[12]Die folgende kleine Anekdote postete ich mal im Rührküchenforum zwecks Erläuterung des Begriffes des Drehmomentes. Im Laufe des Textes verwende ich den Begriff der „Nine-Stärke", die Puristen mögen mir verzeihen, dass ich damit zwar eine *Leistung* assoziiere und doch aber eine *Kraft* benutze ... Der genannte Wert von 150 N entspricht aber einem bekannten und meines Wissens nach auch genormten Wert aus der Ergonomie für die vom Menschen aufbringbare Handkraft.

Antwort (11) Je nach Verwendung zeigt ein Blattrührer Eigenschaften eines Tangential- oder eines Radialrührers. Die zugehörige Tabelle muss wie folgt lauten:

Verwendung als:	Tangentialrührer	Radialrührer
Vergleichbar mit:	Ankerrührer	6-Blatt-Scheibenrührer
Geometrie Einbau:	wand- und bodennah	⌀ Becherglas ca. drei Mal so groß wie ⌀ Rührer
für Viskosität geeignet:	mittel bis hoch	niedrig
Drehzahl:	niedrig	mittel bis hoch
Bemerkung:	auch für Salben und feststoffreiche Zubereitungen	Gefahr der Trombenbildung groß (Lufteinschluss, Spritzen)

CREMEMANUFACTUR
Dr. Bohlmann | Berlin
handmade organic cosmetics

6 Rühren — so gelingt's!

Manch Leser schlägt vielleicht erst hier das Buch auf, um gleich mit dem „richtigen" Rühren loslegen zu können ... Das ist menschlich verständlich, aber ohne die zugrunde liegende Theorie bleibt die Frage nach dem „Warum?" unbeantwortet und man wird immer wieder nachschlagen müssen, wie man denn jetzt *diese* Rühraufgabe am besten löst — mir persönlich wäre das zu unbefriedigend! Deshalb möchte ich allen ungeduldig mit den Hufen scharrenden Lesern einen Kompromiss vorschlagen: Gehe zu Seite 101 und lies zumindest das Kapitel *Ganz praktisch — Rühren in der DIY-Cremeküche* durch. Einverstanden? Fein ☺.

An die ungeduldigen Leser: Willkommen zurück! An alle anderen: Schön, dass ihr noch da seid!

Vor dem perfekten Rührergebnis — der perfekt emulgierten Creme oder Lotion — steht das *engineering*, also die richtige Auswahl von Komponenten und Betriebsparametern. Das gilt zunächst bereits ganz am Anfang, wenn man sich nach erster Freude über ein, zwei selbst gerührte Rezepturen überlegt, doch in „ordentliches" Equipment zu investieren, wie auch später immer dann, wenn man etwas Neues probiert oder sich bei bewährten Rezepten die Menge, die man herstellen möchte, geändert hat. In diesem Sinne bearbeiten wir in diesem Kapitel folgende Aufgaben:

- Definition der Anforderung (Fluidtyp, Herstellungsmenge)
- Auswahl des geeigneten Rührequipments
- Festlegen des Prozessablaufs (Drehzahl über Zeit)

Hierzu möchte ich euch gleich ein Ablaufschema vorstellen, anhand dessen man ganz gezielt und Schritt für Schritt den eigenen, optimalen Rührprozess entwickeln kann. Mit etwas Übung braucht es irgendwann natürlich keine ganz so kleinteilige Vorgehensweise mehr, dann geht das intuitiv, aber bis dahin möchten wir ja erst mal kommen.

Zur Identifikation von Hindernissen und Vermeidungsstrategien gibt es am Ende noch ein eigenes, zusammenfassendes Unterkapitel mit Beispielen und praktischen Tipps.

6.1 Praktische Rührerauswahl

Dreh- und Angelpunkt der Rührerauswahl sind diese zwei Fragen: Was will ich rühren? Und: Was steht mir als Werkzeug zur Verfügung? Entsprechend umformuliert kann man hier auch eine Entscheidungshilfe bei einer eventuellen Neuanschaffung eines Rührerstands erhalten: Welches Rührequipment ist für meine Bedürfnisse optimal? Zur ersten Frage gehört auch die Mengenangabe: Ob ich eine Einzelportion mit weniger als 50 ml rühre oder eine Großfamilie zu Weihnachten mit Bodylotion beschenken möchte und dafür einen ganzen Liter benötige, entscheidet maßgeblich über die Auswahl der „Werkzeuge“ mit.

Deshalb möchte ich mir für dieses Kapitel zunächst ein paar Begriffe definieren, um in Anhängigkeit der Produktmenge die richtige Hilfestellung zur praktischen Rührerauswahl und zur Prozessführung geben zu können:

- ***mikro***: 50 ml oder darunter
- ***mini***: etwa 100 ml
- ***midi***: etwa 250 ml
- ***maxi***: etwa 600 ml oder mehr

Wer zwischen 2 Größen schwankt, muss eventuell anhand der zu Hause verfügbaren Rührer und Bechergläser seine Prozessauswahl (mehrmals) korrigieren, wie gleich anhand des Flussdiagramms in Abbildung 6.1 erläutert wird.

Das Flussdiagramm hilft uns bei der Entscheidungsfindung. Es ist eine Art „Navigator“ und soll uns den Weg zum Erfolg ebnen. Man muss sich nicht dogmatisch daran festhalten und auch keine seitenlangen Aufzeichnung dazu anfertigen ☺, aber es empfielt sich unbedingt, den ganzen Rührprozess einmal von vorne bis zum Ende zu durchdenken, und zwar *bevor* man mit dem Rühren beginnt! Natürlich entwickelt man mit der Zeit und aus Erfahrung die eigene Routine und benötigt dann diese Hilfestellung gar nicht mehr, aber bis dahin — und eventuell wieder, wenn etwas aus unerklärlichen Gründen nicht so funktioniert hat, wie gewünscht — nutzen wir es gerne, und zwar wie folgt:

Wir beginnen oben rechts mit der Raute ① und benennen unser Vorhaben, beispielsweise: „Ich möchte 200 ml der Bodylotion *mild & soft* herstellen.“ Nun gehe ich von der Raute nach unten. Um die Rühraufgabe zu definieren und den Rührertyp auszuwählen, benutze ich die Tabelle 6.1 auf Seite 130. Dort gehe ich rein und finde meine Rühraufgabe als Emulsion beschrieben, Typ Ⓑ. Mir werden Scheibenrührer, Dissolver und Rotor/Stator vorgeschlagen. Ich möchte mit meiner IKA rühren und entscheide mich für meinen kleinen Dissolverrührer.

Von der Raute ① aus nach links komme ich zur Mengendefinition. Meine Wunschmenge von 200 ml liegt zwischen *mini* und *midi*. Ich wähle

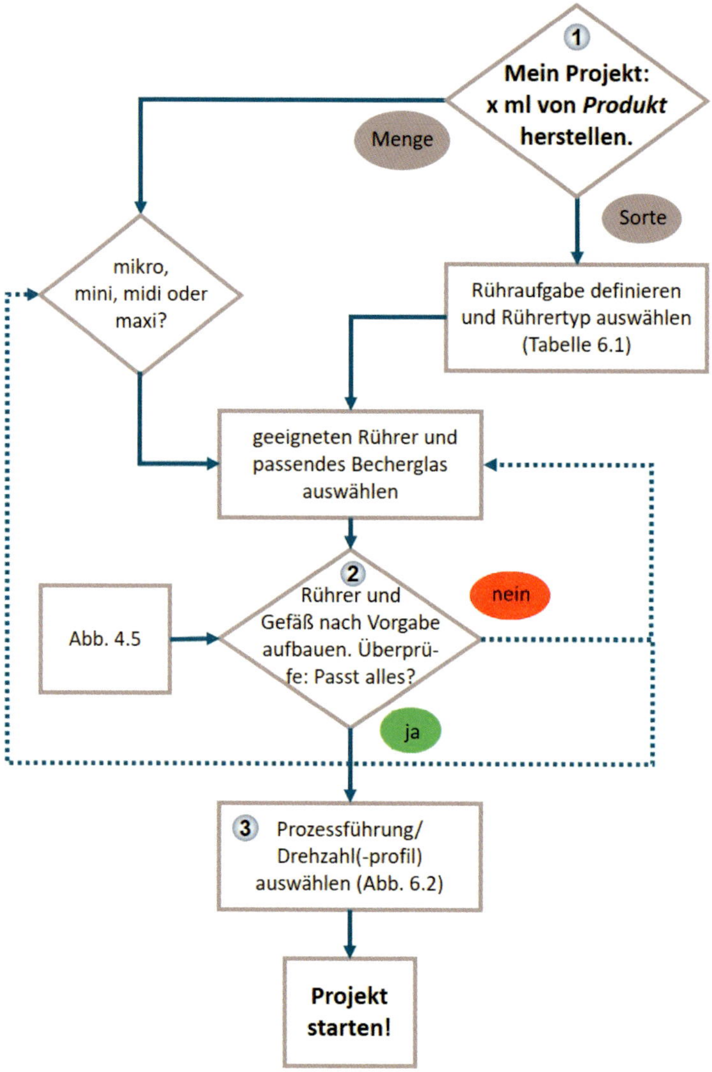

Abbildung 6.1: *Flussdiagramm zur richtigen Auswahl von Rührer und Gefäß sowie der Betriebsparameter (Drehzahl, Dauer) für individuelle Rühraufgaben.*

zunächst ein Becherglas für 250 ml in der schlanken Form. Damit habe ich Schritt (1) im Ablaufschema erfüllt.

Nun gehe ich mit meiner Auswahl — kleiner Dissolverrührer und 250-ml-Becherglas — zu Raute (2), dem praktischen Aufbau. Dazu schaue ich nochmals auf die Abb. 4.5. Mein Dissolverrührer ist ein Radialrührer und ich orientiere mich deshalb am mittleren Bildteil. Mir fällt auf, dass mein Rührer etwas zu groß ist im Durchmesserverhältnis zum Becherglas. Laut Flussdiagramm muss ich also den Pfad „nein" beschreiten und nochmals die Auswahl Rührer/Becherglas durchführen: Da ich keinen kleineren Rührer habe, nehme ich ein größeres Becherglas (400 ml, schlanke Form). Ich überprüfe abermals anhand von Abb. 4.5. Nun fällt mir auf, dass die 200-ml-Markierung am Becherglas in der Höhe nicht ganz dem Becherglasdurchmesser entspricht, d. h. mein Verhältnis Füllhöhe H zu Durchmesser D ist etwas kleiner als eins. Letztlich muss ich mich nun entscheiden:

- Ich nehme das große Becherglas (400 ml). Das Durchmesserverhältnis Rührer/Gefäß passt. Eventuell wird mir der geringe Füllstand Schwierigkeiten machen (erhöhte Gefahr des „Lufteinschlürpens").
- Ich nehme das kleinere Becherglas (250 ml). Zwar passt das Durchmesserverhältnis nicht ganz, aber ich kann gerade während des Zudosierens der wässrigen Phase und weiterer Wirkstoffe besser mit der Füllhöhe umgehen.
- Ich ändere mein Rührvorhaben und rühre gleich zwei Portionen, also 400 ml, und nehme ein dafür passendes anderes Becherglas (600 ml, schlanke Form), das meine Kriterien $H/D \approx 1$ sowie $d/D \approx 0,4$ erfüllt.

Ich wäge schließlich die drei Möglichkeiten gegeneinander ab und bleibe bei meiner 200-ml-Portion. Gleichzeitig entscheide ich mich für

Produkttyp	Rühraufgabe	Rührerauswahl und Prozessführung
Ⓐ „Kaltgerührtes“: Tonic, Mizellenwasser, Hydrolate, Shampoos & Duschgele, Tinkturen, Hydrogele	hauptsächlich **Homogenisieren**: Lösen und Vermischen der Komponenten; sanftes und geduldiges Rühren ohne Lufteinschluss; Gefahr der Schaumbildung!	händisches Verrühren („Kochlöffel“); Propellerrührer mit moderat-niedriger Drehzahl, auch Ankerrührer mit sehr niedriger Drehzahl. Prozessdauer Sekunden bis Minuten, bei schwer löslichen Komponenten (z. B. Allantoin, Xanthan) auch im Bereich einer Stunde oder länger
Ⓑ Emulsionen: Cremes, Fluide & Lotions (W/O oder O/W)	intensives **Emulgieren**, meist gefolgt von Kaltrühren mit Vermischen weiterer Komponenten (Homogenisieren)	Scheibenrührer, Dissolver, Rotor/Stator mit max. Drehzahl (Sekunden bis Minuten). Kaltrühren: mit moderater Drehzahl, evt. mit Zwischen- und Nachemulgieren mit hoher Drehzahl
Ⓒ Suspensionen: Masken mit Tonerden, Duschbars und festes Shampoo, Zahnpasten	intensive Bewegung und Vermischung, gutes **Emulgieren** und **Suspendieren**, Verarbeiten hochviskoser Flüssigkeiten	Anker-und Blattrührer mit niedriger Drehzahl. Dissolver mit moderater Drehzahl; evt. Präemulsion bilden wie Ⓑ; Prozessdauer insgesamt Minuten bis ca. 1/2 h oder länger

Tabelle 6.1: *Übersicht: Rühraufgaben und Rührerauswahl*

die Lösung „kleines Becherglas". Mein Rührer ist nun etwas überdimensioniert. Wenn ich gleich mit maximaler Drehzahl loslege, kann es mir passieren, dass ich die Flüssigkeit gleich aus dem Glas „hinausschieße", hier ist also etwas Gefühl gefragt[1]!

Schließlich wähle ich mir gemäß Schritt ③ des Flussdiagramms noch die geeignete Prozessführung aus. Dazu verwende ich die Abbildung 6.2 „Drehzahl über Zeit", die im nächsten Unterkapitel erläutert wird.

6.2 Prozessführung

Als ich, noch zu Schulzeiten, zum Zwecke der Entscheidungsfindung hinsichtlich meines späteren Berufs an einer Informationsveranstaltung der TU Berlin teilnahm, ergab es sich — nach meiner Erinnerung eher dem durch die Vielzahl der Örtlichkeiten, den damit verbundenen Fahrzeiten und der dadurch quasi vorgegebenen Auswahl denn einer bewussten Entscheidung geschuldet —, dass ich an einer Führung im Technikum des Institutes für Verfahrenstechnik teilnahm. Ein wissenschaftlicher Mitarbeiter stand neben seinem Versuchsstand und erklärte uns Dinge, an die ich mich heute nicht mehr erinnern kann ☺. Aber er sprach einen für meine damaligen Ohren drolligen Satz, den ich auch rund 35 Jahre später noch weiß: „Wir *fahren* den Prozess mit einer Hubfrequenz von ..." Ich hatte sofort das Bild eines Lenkrades im Kopf und fand diese Ausdrucksweise sehr ulkig. Naja, ein paar Jahre später kamen dann solche Sätze ganz selbstverständlich auch aus meinem Mund ... Warum ich das erzäh-

[1] Ganz allgemein arbeitet man nicht gerne mit überdimensionierten Anlagen, da sie immer kostenintensiver (in Anschaffung und Betrieb) sind, als passend dimensioniert (man würde keine Fußgänger-Fähre mit einem Kreuzfahrtschiff betreiben ☺). Für die Maßstäbe, mit denen wir es hier zu tun haben, spielt das aber überhaupt keine Rolle, so dass wir diesen Aspekt einfach vernachlässigen.

le? Wir fahren auch gleich Rampen hoch und runter, alles im Dienste des perfekten Rührergebnisses!

Die meisten von uns dürften — neben dem händischen Rühren mit Glasstäbchen, Spatel und Co. — mit Milchaufschäumer und Pürierstab als Rührwerkzeuge begonnen haben. Neben dem Problem, hierzu immer einen Arm benutzen zu müssen, mit dem zweiten das Becherglas festzuhalten und dann nicht zu wissen, wie jetzt nun die zweite Phase zur ersten zu geben, kennen diese Apparate in der Regel nur die Zustände AN und AUS, d. h. man kann die Rührgeschwindigkeit nicht variieren. Ideal ist, wenn man ein Rührgerät mit frei einstellbarer Drehzahl hat, welches sich in eine Vorrichtung bzw. Halterung einspannen lässt und uns so volle Freiheit beim Arbeiten erlaubt.

Das vorherige Kapitel 5 hat ausführlich „selbst gebastelte“ und professionelle Rührer-Varianten vorgestellt. Den nun folgenden Ausführungen liegt die Verwendung eines professionellen Rührwerkes zugrunde. Doch keine Sorge: Wer z. B. mit einem Pürierstab arbeitet, kann die Empfehlungen genauso umsetzen, ich mache später noch einige Anmerkungen dazu.

Betrachten wir nun die Abbildung 6.2 und gehen das Drehzahlprofil Schritt für Schritt durch:

Schritte ① und ②: In die erwärmte (d. h. in der Regel ca. 65 bis 70 °C heiße) Fettphase gießen wir das ebenfalls heiße (ca. 70 bis 80 °C) Wasser (bzw. die wässrige Phase). Das kann direkt auf einmal, in einem Strahl oder schluckweise sein, meistens (bei O/W-Emulsionen) gibt man zügig die wässrige in die Fettphase hinein. Während der Zugabe erhöht man bereits die Drehzahl und achtet darauf, dass es nicht spritzt. Meist muss man zwischendurch aufgrund des zunehmenden Flüssigkeitsvolumens den Rührer neu positionieren.

Verwendet man einen Pürierstab oder einen anderen „Einhandrührer“, beginnt man bodennah. Man kann ihn dann auch etwas weniger

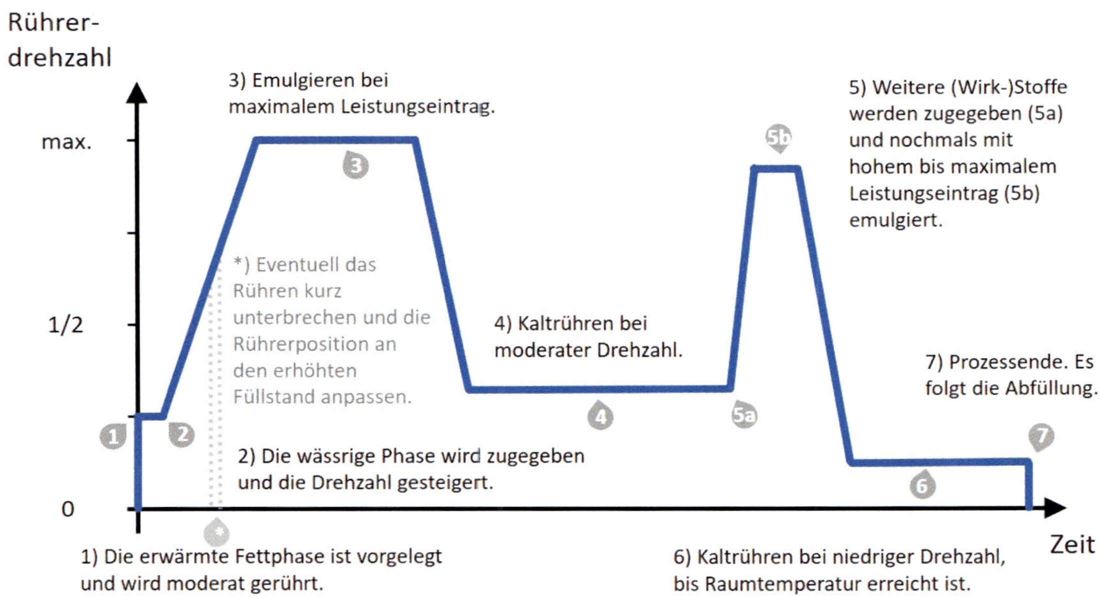

Abbildung 6.2: *Schematischer Ablauf einer Creme- oder Lotionherstellung („Drehzahl des Rührers über der Zeit“)*

tief eintauchen lassen, sollte aber auf Abstand zur Flüssigkeitsoberfläche achten (Gefahr des „Lufteinschlürpens"!).

Schritt ③: Ist alle Flüssigkeit im Becherglas/Topf und der Rührer in der richtigen Position (eine „Einbauhilfe" gibt wieder Abb. 4.5), erfolgt die eigentliche Emulsionsbildung bei maximal möglicher Drehzahl. Wie lange man nun auf diese Weise emulgiert, kann man anhand der folgende Angaben abschätzen; im Zweifel lieber länger, als zu kurz!

- **mikro**[2]: ca. 1 bis 2 Minuten
- **mini**: ca. 2 bis 3 Minuten
- **midi**: ca. 5 bis 7 Minuten
- **maxi**: ca. 10 Minuten oder mehr

Schritt ④: Nach dem Emulgieren erfolgt das Kaltrühren, bis die Emulsion etwa auf Handwärme abgekühlt ist. In der Regel erfolgt dann erst die Zugabe weiterer (Wirk-) Stoffe. Das Rühren hat hier die Aufgabe, für eine gleichmäßige Temperaturabnahme zu sorgen und gleichzeitig alle Inhaltsstoffe schön homogen zu vermischen. Auch wird das Emulsionsbild weiter verfeinert, d. h. die Tröpfchengrößenverteilung vergleichmäßigt sich. Deshalb sollte die Rührerdrehzahl nicht zu niedrig gewählt werden, insbesondere auch, da sich beim Erkalten die Viskosität unserer Emulsion erhöht. Zur Orientierung: Man sollte eine leichte Einwölbung (Trombe) — ohne, dass Luft eingezogen wird! — sowie eine Drehbewegung der Oberfläche sehen, wenn man von oben draufguckt. Das ist bei Größe *midi* — als Anhaltspunkt — vielleicht bei 200 bis 300 Umdrehungen pro Minute der Fall.

Eine Zeitdauer anzugeben ist für diese Phase eigentlich nicht nötig, man überprüft die Temperatur einfach durch „Handauflegen": Fühlt es

[2]Zur Definition der verwendeten Volumenbezeichnungen siehe Seite 127.

sich für die Hand angenehm an — was bei ca. 30 bis 35 °C der Fall ist — hat man den Zustand „handwarm“ erreicht ☺. Das geht bei einer *mini*-Charge innerhalb von Minuten, kann bei *maxi*-Mengen aber durchaus auch eine halbe Stunde dauern[3].

Schritte (5a) und (5b): In den meisten Rezepturen wird ein Teil der Wirkstoffe erst bei handwarmen Temperaturen zugegeben (z. B. Vitamine), um temperaturempfindliche Rohstoffe schonend zu verarbeiten. Dieser Zeitpunkt ist nun gekommen. Es empfiehlt sich, nach der Zugabe nochmals für eine gewisse Dauer die Drehzahl zu erhöhen, um die zugegebenen Substanzen gut in die Emulsion einzufügen. Zur Orientierung: Die halbe Dauer der ersten Emulgierphase (Schritt (3)) sollte ausreichen.

Hinweis: Werden Tonerden wie z. B. Kaolin oder ähnliche Feststoffe als weitere Phase zugeführt, sollte **nicht** schnell und scherintensiv gerührt, sondern gleich in die abschließende Kaltrührphase, Schritt (6), übergegangen werden. Andernfalls kann es sonst unter Umständen zu einem „Aufreißen“ der Emulsion kommen, sie wirkt dann so, als wäre sie „geronnen“[4]. Ist es doch passiert, hilft es manchmal, die Emulsion nach dem Erkalten von Hand gleichmäßig und geduldig glatt zu rühren.

Schritt (6): Die zweite Kaltrührphase: Nun wird bei sehr gemäßigter, langsamer Drehzahl zu Ende gerührt, bis die Creme oder Lotion Raumtemperatur erreicht hat. Bei *mikro*- oder *mini*-Mengen ist diese Phase meist gar nicht mehr nötig, da die Emulsion bei den kleinen Volumina schnell auf Raumtemperatur abgekühlt ist.

---

[3]Die Wärme wird über die Außenwand des Rührgefäßes sowie die Flüssigkeitsoberfläche abgegeben. Beides sind *Flächen*, die sich mit 2. Potenz vergrößern, das *Volumen* jedoch mit 3. Potenz. Deshalb dauert das Abkühlen größerer Mengen immer überproportional länger als das kleinerer Volumina.

[4]Zur Erklärung dieses Effektes erinnern wir uns an „dilatant ist nasser Sand“ (oder lesen noch einmal im Abschnitt **Strukturviskos und dilatant** auf Seite 21 nach ☺).

Schritt (7): Ich schalte das Rührgerät aus und mein Prozess ist beendet. Die fertige Creme wird in vorbereitete Tiegel oder Flaschen gefüllt und mit dem Datum der Herstellung sowie der Bezeichnung beschriftet.

Mit den Informationen aus dem Prozessablaufschema und meinen zuvor festgelegten Randbedingungen habe ich jetzt alle nötigen Angaben zusammengetragen[5]:

- Für mein Projekt „Stelle 200 ml der Bodylotion *mild & soft* her“ werde ich ein Becherglas der Größe 250 ml und meinen kleinen Dissolverrührer verwenden.
- Für das Emulgieren wähle ich die maximale Drehzahl von 2000 min^{-1}, die ich etwa 4 Minuten lang einhalte.
- Bei 400 min^{-1} rühre ich ca. 10 Minuten, bis Handwärme erreicht ist.
- Ich gebe die Wirkstoffe zu und nachemulgiere mit etwa 1600 min^{-1} für 1 Minute.
- Schließlich rühre ich noch rund 5 Minuten bei niedriger Drehzahl (ca. 200 min^{-1}), bis die Lotion Raumtemperatur erreicht hat.

Das Flussdiagram in Abb. 6.1 ist damit erfolgreich durchlaufen und so vorbereitet kann ich mein Projekt starten und erfolgreich durchführen!

---

[5]Eine professionelle Cremeherstellung wird genauso erarbeitet. Die genannten Daten dienen dann auch der Dokumentation, z. B. kann man den Prozessablauf mit konkreten Daten für dieses spezielle Produkt in Form eines „Drehzahl über Zeit“-Diagramms angeben. Das nennt sich dann insgesamt eine *SOP (Standard Operating Procedure)* und wird für jedes Produkt einzeln angefertigt. Es ist ein wichtiges Element innerbetrieblicher Maßnahmen zur Qualitätssicherung und wird auch von Behörden zur Überprüfung herangezogen.

6.3 Pleiten, Pech & Pannen — hier kommen Tipps & Tricks

6.3.1 Totzonen und andere Inhomogenitäten

Nun hat man mit Sorgfalt und Freude den Herstellungsprozess durchdacht und seine Creme gerührt — und dann das: Bereits nach Stunden oder vielleicht auch erst nach wenigen Tagen trennt sich die Creme!

Wenn wir davon ausgehen, dass die Rezeptur stimmig ist (also nicht etwa zu wenig oder einen ungeeigneten Emulgator vorsieht) und es auch keinen Fehler bei der Einwaage der Rohstoffe gegeben hat, kann es ja nur am Prozess selber gelegen haben. Wir schauen uns nun die möglichen Ursachen an und natürlich auch, welche Maßnahmen man dagegen ergreifen kann.

Zunächst erinnern wir uns: Um eine haptisch angenehme und stabile Emulsion zu erhalten, müssen wir sehr kleine Tröpfchen erzeugen (mit einer möglichst gleichmäßigen Verteilung der Tröpfchendurchmesser) und außerdem dafür sorgen, dass am Entstehungsort stets genug Emulgator vorhanden ist, um die Oberfläche der Tröpfchen sofort zu benetzen. Eine sich trennende Creme kann also ein Hinweis darauf sein, dass die Bildung vieler kleiner Tröpfchen nicht ausreichend gut stattgefunden hat oder der Emulgator nicht gut genug im gesamten Volumen verteilt war. Letztlich hängen beide Ursachen mit der Rührerauswahl und der Wahl der Betriebsparameter zusammen.

Betrachten wir zunächst die unzureichende Verteilung des Emulgators: Inhomogenitäten entstehen dann, wenn der Inhalt nicht ausreichend durchmischt wurde, oft, weil man die Zeitdauer des Mischvorgangs falsch eingeschätzt und zu früh den Rührer abgeschaltet bzw. die Drehzahl verringert hat.

Es können aber auch sogenannte Totzonen vorliegen; was das ist und wie sie entstehen, wird anhand von Abbildung 6.3 erläutert.

Die gezeigte Aufnahme entstand rund 20 Minuten (!) nach dem Vereinen beider Phasen (vorgelegte, erwärmte Gelphase mit wasserlöslichen Komponenten sowie restliche Wirkstoffe und Konservierung in der zweiten Phase) und gleichmäßigem, recht intensivem Rühren.

Abbildung 6.3: *Totzone am Boden des Rührgefäßes beim Rühren eines Augengels mit 1.400 min^{-1} und einem Schrägblattrührer (4-Blatt), Durchmesser 50 mm. Der Pfeil zeigt auf den deutlich sichtbaren „geligen" Bereich, die später zugegebene, milchige Wirkstoffphase ist hier noch nicht vermischt worden.*

Wie man deutlich sieht, ist ein Teil des Gels im Übergang vom Boden zur Wand noch ganz klar, während das restliche Volumen bereits die endgültige milchig-trübe Erscheinung angenommen hat. Offenbar hat in diesem Bereich gar keine Vermischung mit dem restlichen Inhalt stattgefunden! Dass derartige Inhomogenitäten im fertigen Produkt unerwünscht sind, versteht sich von selbst.

Wodurch kommen solche Totzonen zustande und wo treten sie hauptsächlich auf? Grundsätzlich haften Fluide an Oberflächen — naja, die meisten zumindest, natürlich gibt es auch hier ein paar Exoten, die dies nicht tun, aber unsere Fluide sind diesbezüglich alle „brav" ☺. Damit ist in einem Rührgefäß das Fluid direkt entlang des Bodens und der Wände immer in Ruhe, also unbewegt.

Am Rührer selbst gilt auch diese Wandhaftbedingung, nur dass sich das Fluid hier mit dem Rührer mitdreht, also nicht in Ruhe, sondern in Bewegung ist. Dadurch — wir erinnern uns — kommt ja überhaupt nur die Srömung zustande, da die Bewegung mittels der Fluidviskosität auf die benachbarten Fluidteilchen weitergegeben wird. Genauso „bremst" in Wandnähe die Wandhaftung zusammen mit der Viskosität umgekehrt auch Fluidteilchen noch in etwas Abstand von der unbewegten Fläche ab. Gerade im Übergang zwischen Boden und Wand des Becherglases oder Rührgefäßes, in der „Ecke" sozusagen, führen die horizontale (durch den Boden) und die vertikale (durch die Wand) Bremsung so zu einer besonders langsamen Strömung.

Ist das Fluid so wie in dem abgebildeten Beispiel ohnehin von recht hoher Viskosität, so kann es passieren, dass es in der beschriebenen Randzone regelrecht stehen bleibt und nur ein sehr, sehr langsamer Austausch mit den benachbarten Fluidteilchen stattfindet. Die Auswirkung des zentrisch rotierenden Rührorgans auf diese Zone ist sehr gering und man spricht von einer „Totzone".

In gerührten Systemen finden sich noch andere Bereiche mit wenig Austausch, die zu Produktinhomogenitäten führen können: Zum einen sind dies Bereich nahe der Oberfläche, auch hier wieder speziell dicht an der Gefäßwand.

Manchmal fällt es direkt auf, dass sich bei einer Creme oder Lotion während der Kaltrührphase eine Art „Puddinghaut" bildet, die man gelegentlich durch das Hineinhalten eines schmalen Schabers wieder in die rotierende Flüssigkeit befördern kann.

Vorsicht! Auf keinen Fall darf man dabei in die Nähe des sich schnell drehenden Rührers gelangen, da Bruch- und Verletzungsgefahr bestehen! Besser den Rührvorgang kurz unterbrechen, den Randbereich abstreifen und unterheben, und dann den Rührvorgang fortsetzen.

Zum anderen ist der bodennahe Bereich direkt im Zentrum des Gefäßes, also unterhalb des Rührers, betroffen. Dies ist bei Rührern mit ausgeprägt radialem Strömungscharakter der Fall, also gerade bei den Dispergierern und auch bei den Rotor/Stator-Systemen, die so besonders gut zum Emulgieren geeignet sind! Diese Totzone ist leider von außen nicht zu sehen. Wenn nur Flüssigkeiten im Gefäß gerührt werden, ist sie auch gar nicht so problematisch. Hat man aber Feststoffe dabei, kommen diese mit der aufwärts zum Rührerblatt gerichteten Strömung aufgrund ihrer höheren Dichte nicht mit der Flüssigkeit mit und sammeln sich am Boden.

Einfache Abhilfe gibt es bei löslichen Stoffen wie beispielsweise Urea, wenn sie *vor* dem Zufügen gründlich aufgelöst werden, dann treten totzonenbedingte Inhomogenitäten nicht auf (vergleiche hierzu auch noch einmal das „Teetassenproblem" und die Antwort dazu auf Seite 34 bzw. Seite 51!).

Wenn man nicht mit einem Rührwerk bzw. einem Stativ-Rührer rührt, sondern mit einem Handgerät, sollte öfters die Position im Becherglas variiert werden, um auf diese Weise sämtliche Teilvolumina zu bearbeiten.

6.3.2 Wenn die Rheologie zuschlägt

Eine andere Ursache für Inhomogenitäten kann in den rheologischen Eigenschaften unserer Emulsion begründet liegen. Beispiel Handcreme: Ist die Drehzahl zum Kaltrühren zu niedrig gewählt, kann es passieren, dass ein Teil der Creme (stich-)fest wird und nur der rührernahe Bereich bewegt bleibt. Die Oberfläche ist dann, wenn man von oben draufguckt, in Ruhe, es gibt nur noch einen flüssigen Kern. (Die Handcreme hat offenbar *strukturviskose* Eigenschaften, vergleiche hierzu Kapitel 2.2.2.) Gibt man nun gegen Prozessende noch Substanzen hinzu, würden sie entlang der Rührerwelle den Weg in den Kernbereich finden und dort vermischt werden. Ein großer Teil der Creme oben, unten und an der Gefäßwand, der durchaus 3/4 oder mehr des Gesamtvolumens betragen kann, bleibt jedoch von den zugegebenen Substanzen völlig frei, während diese im Innern stark aufkonzentriert sind. Dies gilt gleichermaßen für Konservierer und Parfum, die wir in der Regel als letzten Schritt zufügen. So wollen wir das natürlich nicht haben, zumal die Auswirkungen mit Blick auf die Konservierung fatal sein können!

Letztlich gibt es hier nur zwei Möglichkeiten: Ich kann den Rührprozess gelegentlich unterbrechen und mit einem Spatel oder Löffel manuell mein Produkt vermengen und es anschließend weiterrühren. Allerdings wird die Strukturviskosität dadurch nicht verschwinden, und die Inhomogenität tritt nach einiger Zeit wieder auf. Manchmal genügt aber diese Zeitspanne bereits, um Wirkstoffe oder Parfüm am Ende doch befriedigend verteilt zu haben. Die andere Möglichkeit besteht darin, einen anderen Rührer einzusetzen, der einen gleichmäßigeren, sanfteren Leistungseintrag hat. Dies könnte z. B. ein Propellerrührer oder allgemein ein Rührer mit eher axial geprägtem Strömungsfeld sein. Auch Knethaken oder andere zwangsfördernde Rührer (Ankerrührer) können helfen, ein solches strukturviskoses Fluid in möglichst guter Bewegung zu halten und damit ein gleichmäßiges Verteilen zugegebener Wirkstoffe zu ermöglichen.

Die entgegengesetzte rheologische Eigenschaft macht uns zu schaffen, wenn wir eine Zubereitung mit hohem Feststoffanteil rühren, z. B. eine Maske mit Kaolin. Das Fluid verhält sich dann *dilatant* und wird im Bereich des schnell rotierenden Rührers „brüchig“ und krümelig, während es in den langsam bewegten Randbereichen geschmeidig fließt. Hier sind zwangsfördernde Knethaken oder Axialrührer geeignet und es sollte nur bei moderat-niedriger Drehzahl gerührt werden. Oft hilft es, die „aufgebrochene“ Emulsion über Nacht ruhen zu lassen und am nächsten Tag mit einem Spatel oder Silikonschaber händisch zu einer glatten Creme zu rühren.

6.3.3 Lästiges Lufteinschlürpen

Ein recht nerviges, häufig auftretendes Phänomen ist das Einziehen von Luft besonders während der ersten, scherintensiven Phase des Emulgierens. Dadurch kommt es zu einer Volumenvergrößerung, die nach meiner Erfahrung bis etwa 30 % reichen kann. Die Creme ist dann von „mousseartigem“ Charakter[6].

Nun wäre das für sich genommen gar nicht schlimm, im Gegenteil: Eine Creme-Mousse kann von sehr angenehmem Auftrag und Haptik sein. Nicht selten jedoch ist Schaumbildung eine Ursache für das Trennen einer Creme. Der Grund liegt darin, dass der Emulgator für die Stabilisierung des Schaumes „missbraucht“ wird: Statt die Öltröpfchen zu umschließen und ihnen damit die stabile feindisperse Verteilung in der wässrigen Phase zu ermöglichen, legt sich der Emulgator nun an die Phasen-

[6]Dieses direkt während bzw. kurz nach der Herstellung auftretende „Schäumen“ der Creme ist nicht zu verwechseln mit Effekten, die nach einiger Zeit bei mangelhafter Konservierung durch mikrobiologischen Verderb auftreten: Zersetzngsprozesse und Stoffwechselprodukte von Mikroorganismen können — ähnlich dem Gären von Hefe — ebenfalls zu einem schaumigen Charakter der Creme führen. In diesem Fall ist die Creme verdorben und muss entsorgt werden!

grenzfläche zwischen Luftbläschen und wässriger Phase und stabilisiert damit die eigentlich nicht beabsichtigte Entstehung eines Luft/Creme-Gemisches (der Emulgator funktioniert also als eine Art *Sahnesteif* ☺).

Nun kommt es zum einen zu dem Problem, dass für die Tröpfchen der Ölphase nicht mehr genug Emulgatormoleküle zur Verfügung stehen, so dass die Koagulation nicht ausreichend verhindert wird und sich schließlich die Emulsion trennt. Zum anderen ist die Schaumschicht recht stabil, einfaches Glattrühren bringt oft nicht viel.

Um das Einziehen von Luft zu vermeiden, stehen einige Maßnahmen zur Verfügung, die oft im Zusammenspiel erfolgreich sind: Erkennt man, wie sich die Trombe nach unten in Richtung Rührerebene „vorarbeitet“, hilft sofortiges Absenken der Rührerdrehzahl. Sind die Scherkräfte für die Emulsionsbildung noch ausreichend, muss man nichts weiter machen; mit steigender Viskosität (durch Emulsionsbildung sowie Abkühlen der Creme) kann ich sogar im Prozessverlauf die Drehzahl nochmal etwas erhöhen. Häufig führt auch eine kleine Positionsveränderung des Rührers Richtung Gefäßboden — zusätzlich zur Drehzahlabsenkung oder als Solomaßnahme — zu einer Unterdrückung des Lufteinziehens.

Eine andere Maßnahme ist, den Rührer nicht genau im Zentrum des Gefäßes rotieren zu lassen, sondern etwas aus der Mitte heraus, also exzentrisch. Durch das „unrunde“ Strömungsfeld kann die Trombentiefe deutlich reduziert und die Gefahr des Lufteinschlusses gebannt werden. Einen ähnlich wirksamen Effekt erhält man, wenn der Rührer nicht senkrecht, sondern leicht geneigt in die Flüssigkeit eintaucht. Bei Handrührgeräten wie einem Pürierstab macht man das fast schon automatisch, auch Rührwerke lassen sich am Stativ entsprechend justieren.

Diese Maßnahme empfiehlt sich allerdings nur bei ausreichend hohem Flüssigkeitsstand im Gefäß, ansonsten (wenn die Ebene der Rührscheibe aus der Flüssigkeit ragt) erzielt man den gegenteiligen Effekt und schäumt die Emulsion erst richtig auf.

Rührkessel in industriellen Maßstäben weisen strombrechende Einbauten auf — die sogenannten Strombrecher —, die die Rotation der Flüssigkeit (die Primärströmung) stören und dadurch eine Trombenbildung verhindern. Meist sind zu diesem Zweck vier oder sechs schmale Stäbe in der Nähe der Behälterwand montiert.

Für unsere Zwecke kann das Eintauchen eines schmalen Spatels oder Stabes am Rand des Becherglases gleichermaßen effektiv die Trombe und damit das Einziehen von Luft unterbinden. **Vorsicht!** Unachtsam eingetauchte oder unzureichend montierte „selbst gebastelte" strömungsbrechende Einbauten können zum Bruch des Glases und schweren Verletzungen führen! Diese Methode sollte daher nur bei ausreichender Erfahrung und mit besonderer Sorgfalt angewendet werden!

6.3.4 Was sonst noch wichtig ist

Das Einziehen von Luft sowie schlechte Verteilung des Emulgators können also zum Problem „meine Creme trennt sich" führen. Weitere, im Rührprozess begründete Ursachen werden im Folgenden erläutert:

Basis einer Emulsion ist das Erzeugen feiner und feinster Tröpfchen, klar. Wir wissen, dass die entscheidende Größe der volumenspezifische Leistungseintrag (P/V) ist: Ist er nicht hoch genug, so wirken keine ausreichend großen Scherkräfte. Die Tröpfchen bleiben zu groß, um bei der durch die Rezeptur vorgegebenen Menge an Emulgator sicher und dauerhaft vor Koaleszenz („die Großen fressen die Kleinen") geschützt werden zu können. Nach einiger Zeit (Stunden oder Tagen) wird sich meine Emulsion dann trennen.

Eine einfach durchzuführende Maßnahme wäre die Erhöhung der Drehzahl, sofern dem keine anderen Gründe wie beispielsweise drohendes Lufteinsaugen entgegenstehen. Auch das Verlängern der Emulsionsphase (Schritt ③ im Prozessschema Abb. 6.2) kann helfen.

Fruchten diese Maßnahmen nicht, so werde ich mein System aus Rührertyp sowie Größenverhältnis Rührer/Gefäß überprüfen müssen: Rührertypen wie Dissolver oder Rotor/Stator-Systeme sind am leistungsfähigsten, wenn es um die Emulgierung geht. Habe ich die Auswahl zwischen Rührern unterschiedlichen Durchmessers, erzeugt der größere die höheren Scherkräfte und ist damit die bessere Wahl.

Bei den meisten Emulgatoren ist eine hinreichend hohe Temperatur im Moment des Zusammenführens der beiden Phasen wichtig. Hier kann man gegebenenfalls nochmal mit dem Thermometer überprüfen, ob man im richtigen Bereich ist und diesen — natürlich unter Beachtung etwaiger Temperaturempfindlichkeiten einzelner Rohstoffe — bis zur oberen Grenze ausreizen.

Die abschließende Tabelle fasst den Kapitelinhalt noch einmal zusammen und zeigt mögliche Maßnahmen an, um „Pleiten, Pech und Pannen“ zu bekämpfen oder — am besten — gar nicht erst entstehen zu lassen.

Tabelle 6.2: *Pleiten, Pech und Pannen: mögliche Ursachen und Maßnahmen zur Vermeidung*

Ereignis	**mögliche Ursache(n)**	**Maßnahme(n)**
Schaumbildung, Creme ist „mousseartig“	Trombe ragt bis auf Rührerblattebene in die Flüssigkeit, dadurch Ansaugen von Luft („Lufteinschlürpen“)	Drehzahl verringern Position des Rührers verändern (Richtung Gefäßboden) Rührerwelle exzentrisch oder schräg anordnen Strombrecher anbringen (Vorsicht!)

Forts. nächste Seite

Tabelle 6.2: Forts.

Ereignis	mögliche Ursache(n)	Maßnahme(n)
Creme ist nicht homogen (I)	Gelbildner nicht gut gelöst	Gelphase am Vortag zubereiten
	Mischzeit zu kurz	Kaltrührphase(n) verlängern, Drehzahl erhöhen
	Totzonen	Größe und Einbaugeometrie Gefäß/Rührer überprüfen
		Pürierstab öfter im Gefäß hin und her/hoch und runter bewegen
Creme ist nicht homogen (II)	ausgeprägt strukturviskoses Verhalten: Produkt ist in der Mitte dünn-, außen dickflüssig/starr	Rührer mit gleichmäßigerem Leistungseintrag wählen (evt. während des Prozesses wechseln)
		öfter den Prozess unterbrechen und Gefäßinhalt manuell vermengen
Creme mit Tonerde o. Ä. ist nicht homogen (III)	hoher Feststoffanteil führt zu „dilatant ist nasser Sand": Durch die Feststoffteilchen „bricht" die Emulsion bei zu starkem Rühren	Drehzahl (stark) verringern
		öfter den Prozess unterbrechen und Gefäßinhalt manuell vermengen
		Zubereitung über Nacht ruhen lassen, dann manuell glatt rühren

Forts. nächste Seite

Tabelle 6.2: *Forts.*

Ereignis	mögliche Ursache(n)	Maßnahme(n)
Emulsion trennt sich (I)	Rezeptur schlecht Temperatur bei Phasenvereinigung zu niedrig Emulgator nicht gut vermischt Emulgator zur Schaumbildung „verbraucht“	Emulgatorsystem überprüfen: Menge ausreichend? Passender Co-Emulgator dabei? Evt. Gelbildner zur Stabilisierung einplanen Temperatur mit Thermometer überprüfen; zulässigen Bereich ausreizen Kaltrührphase verlängern; s. a. „Totzonen“ Luftansaugen vermeiden, s. o.
Emulsion trennt sich (II)	Scherkräfte bzw. Leistungseintrag (P/V) nicht ausreichend	besser geeigneten Rührer auswählen (Dispergierer bzw. Dissolver, Rotor/Stator) Drehzahl erhöhen länger mit hoher Drehzahl rühren
Ergebnis anders als erwartet	Rohstoff vergessen oder doppelt Wiegefehler Rezeptur ungenau	Alle Rohstoffe bereit- und nach Gebrauch sofort zurückstellen (Kühlschrank etc.) Waage prüfen: Kalibriergewicht Waage prüfen: Messeinheit verstellt (z. B. Unze/Gramm)? Rezeptur: alle Angaben durchgängig in Gramm!

Forts. nächste Seite

Tabelle 6.2: Forts.

Ereignis	mögliche Ursache(n)	Maßnahme(n)
Kaltrührphase: Creme kühlt nicht ab	zu hoher Leistungseintrag	Drehzahl (stark) verringern bei Produkten mit hoher Endviskosität Rührer mit axialer/zwangsfördernder Charakteristik wählen bzw. im Prozess tauschen

Mit dieser Tabelle ist die kleine Rührkunde dann auch am Ende angekommen. Die Autorin freut sich, wenn die Lektüre nicht nur erkenntnisreich, sondern — zumindest überwiegend ☺ — auch unterhaltsam und kurzweilig war und wünscht allzeit gute Rührerleb- und -ergebnisse!

Abbildungsverzeichnis

Tabellenverzeichnis

Abkürzungs- und Symbolverzeichnis

Abkürzungen und Indices

DIY	*do it yourself* (deutsch: „mach es selbst“), Kultur des Heim- und Handwerkens
H_2O	Wasser
O/W	Öl-in-Wasser
Ne	NEWTON-Zahl, beschreibt die Rührerleistung
Re	REYNOLDS-Zahl, charakterisiert die Strömung im Rührgefäß
tip	(Rührer-)Spitze
W/O	Wasser-in-Öl

physikalische Größen und Symbole

Größe	*Einheit*	*Bedeutung*
$\varnothing$	m	Durchmesser
η	Pa s	dynamische Viskosität
ν	m^2/s	kinematische Viskosität
π	–	Kreiszahl: $\pi = 3,14159265358979$
ϱ	kg/m^3	Dichte
d	m	Rührerdurchmesser
D	m	Durchmesser des Becherglases bzw. Rührgefäßes
h	m	Höhe des Rührers über dem Boden
H	m	Füllhöhe des Fluids im Rührgefäß
n	min^{-1}	Drehzahl
M	N m	(Dreh-) Moment
P	W	Leistung
V	m^3	Volumen
w	m/s	Geschwindigkeit

Bemerkungen

- Im Angelsächsischen wird die Drehzahl auch oft mit *revolutions per minute* (deutsch: „Umdrehungen pro Minute“) bezeichnet und mit der Einheit rpm angegeben.

- für die Einheit der dynamischen Viskosität η („eta") gilt: $1\,\mathrm{Pa\,s} = 1\mathrm{N/m^2\,s} = 1\,\frac{\mathrm{kg\,m}}{\mathrm{s^2 m^2}}\,\mathrm{s} = 1\,\frac{\mathrm{kg}}{\mathrm{s\,m}}$
- kinematische ν („nü") und dynamische Viskostität η eines Fluids sind über seine Dichte ϱ miteinander verknüpft; es gilt: $\nu = \eta/\varrho$
- Für die Einheit W (Watt) der Leistung P gilt: $1\,\mathrm{W} = 1\,\mathrm{J}\cdot\mathrm{s} = 1\,\mathrm{Nm}\cdot\mathrm{s} = 1\,\frac{\mathrm{kg\,m}}{\mathrm{s^2}}\,\mathrm{m}\cdot\mathrm{s} = 1\,\frac{\mathrm{kg\,m^2}}{\mathrm{s}}$

Herstellernachweise

Dynamic Professional/Group NADIA GmbH
Robert-Koch-Straße 7, D-77694 Kehl Auenheim
www.dynamic-professional.de

Gako Konietzko GmbH
Oberer Stephansberg 49g, D-96049 Bamberg
www.unguator.com

Gastroback GmbH
Gewerbestr. 20, D-21279 Hollenstedt
www.gastroback.de

Heidolph Instruments GmbH & CO. KG
Walpersdorfer Str. 12, D-91126 Schwabach
www.heidolph-instruments.com

IKA-Werke GmbH & CO. KG
Janke & Kunkel-Str. 10, D-79219 Staufen
www.ika.com.de

kai Europe GmbH
Kottendorfer Strasse 5, D-42697 Solingen
www.kai-europe.com

WEPA Apothekenbedarf GmbH & Co KG
Am Fichtenstrauch 6-10, D-56204 Hillscheid
www.topitec.de

witeg Labortechnik GmbH
Am Bildacker 16, D-97877 Wertheim
www.witeg.de

Namens- und Stichwortverzeichnis